S

Bibliothèque

RELIGIEUSE, MORALE, LITTÉRAIRE,

Publiée avec approbation

de Mgr. l'Archevêque de Bordeaux,

Dirigée par M. l'abbé Rousier.

SÉRIE DE L'ENFANCE.

Fr

LE JARDIN DES PLANTES DE PARIS.

CURIOSITÉS

DES TROIS RÈGNES

DE

LA NATURE.

Par E. Cortambert.

OMNIBUS ARDENS M.A.F.

Paris,
Chez Martial Ardant frères,
Rue Hautefeuille, 14.

Limoges,
Chez Martial Ardant frères,
Rue des Taules.

1846.

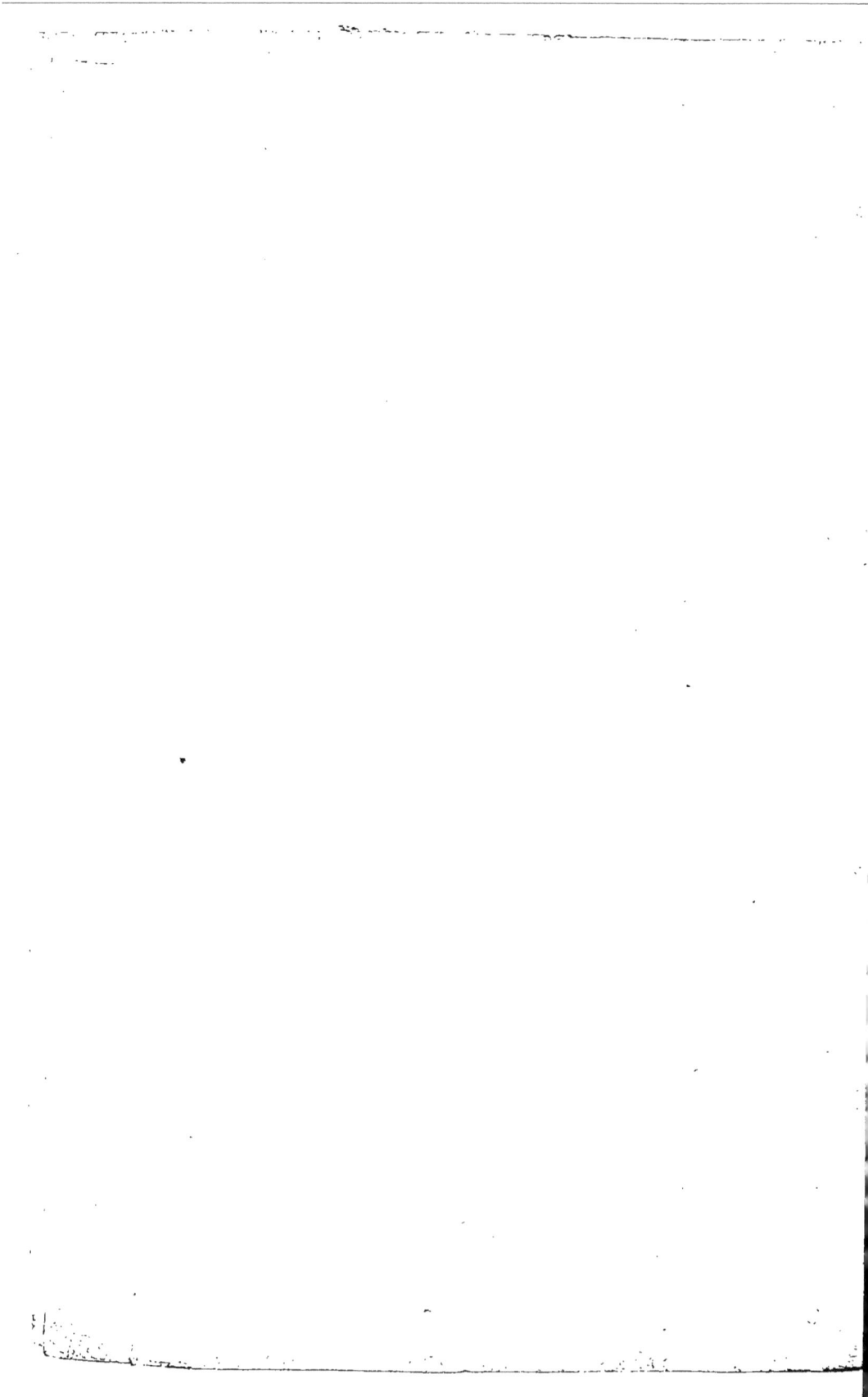

CURIOSITÉS
DES
TROIS RÈGNES
DE LA NATURE.

QUE de choses intéressantes et admirables la nature offre de toutes parts autour de nous ! La vie entière de l'homme le plus laborieux ne suffirait pas pour étudier la millième partie de toutes les productions que la terre étale à nos regards. Mais, au milieu de tant de merveilles, choisissons les plus frappantes, les plus propres à inspirer à nos jeunes lecteurs le goût de l'histoire de la nature.

Tous les corps répandus sur la terre appartiennent à l'un des trois règnes suivans : le *règne minéral*, le *règne végétal*, et le *règne animal*. Le premier comprend les corps bruts et sans organes ; les deux autres sont organisés ; ils naissent, se nourrissent, s'accroissent, et, après une vie plus ou moins longue, périssent d'accident ou de vieillesse. Mais les végétaux et les animaux présentent aussi entre eux des différences essentielles : ceux-là sont dépourvus de sensibilité et de mouvement; ils sont fixés invariablement au lieu qui les a vus naître ; ceux-ci sentent et se meuvent, ils cherchent leur nourriture et la choisissent.

Chacun de ces règnes a ses beautés et ses avantages ; chacun aussi offre ses dangers et ses horreurs.

Le règne minéral nous présente l'éclat étincelant de ses cristaux, ses couleurs vives et variées; les pierres et les terres dont l'homme construit ses habitations et quelques-uns de ses meubles les plus élégans et les plus utiles ; les métaux, qui s'emploient dans presque tous les arts nécessaires à la vie ; les précieux combustibles enfouis dans le sol, et si importans pour notre chauffage, notre éclairage et la fusion des métaux. C'est le règne minéral, enfin, qui supporte les deux autres, et qui leur sert en quelque sorte de fondement et d'appui.

Mais ce règne menace souvent aussi l'existence des êtres organisés. Combien de fois, dans les montagnes, n'a-t-on pas vu des rochers se briser ou s'écrouler, écrasant les habitations, obstruant les rivières qu'ils font déborder ! Que de malheurs ont causés les matières lancées par les volcans, les secousses redoutables des tremblemens de terre et les poisons subtils d'une foule de substances minérales !

Le règne végétal répand sur le sol un aspect riant et gracieux. Qui n'admirerait le riche tapis de verdure et de fleurs dont Dieu a orné notre globe ? Les végétaux portent des feuilles qui nous ombragent, des fruits qui nous alimentent, des sucs précieux qui nous rendent la santé. Ils fournissent des bois pour nous chauffer et pour construire nos maisons et nos vaisseaux. Enfin, la plupart des animaux trouvent dans ce règne les élémens de leur vie.

Cependant, une infinité de plantes sont remplies de substances vénéneuses, et donnent une prompte mort ; d'autres embarrassent tristement le sol, nuisent à l'agriculture, et étouffent, par leur multiplicité et leur importune vigueur, les végétaux utiles.

Quant au règne animal, c'est le plus admirable par son organisation, le plus varié, le plus généralement repandu, car il habite partout : à la surface du sol et dans ses profondeurs, au sein des eaux, dans l'atmosphère, dans l'intérieur des plantes, dans le corps même des autres animaux. Que de merveilles nous présentent l'intelligence et l'instinct de tous ces êtres ! que de formes diverses, que de couleurs charmantes ! que d'habitudes intéressantes à étudier ! combien d'utiles services l'homme retire de la force, de la patience, de la docilité et de la matière même d'une foule d'animaux !

Mais, au milieu de ce règne, s'offrent aussi nos plus dangereux ennemis et les aspects les plus repoussans : il y a de hideux et redoutables reptiles, des quadrupèdes destructeurs, des oiseaux rapaces et d'innombrables insectes nuisibles.

Examinons chacun de ces règnes, et étudions-en les traits les plus saillans et les principales richesses.

RÈGNE MINÉRAL.

Des Montagnes.

Les premiers objets qui frappent ordinairement notre imagination dans l'examen des matières minérales, ce sont ces grandes masses qu'on nomme *montagnes*.

Tantôt élancées en aiguilles irrégulières et hardies, tantôt arrondies comme des ballons, tantôt terminées par des pics coniques, elles présentent les aspects les plus variés, les plus pittoresques. On respire sur leurs cîmes un air plus pur, plus salutaire; on y embrasse par la vue d'immenses horizons, et l'on peut souvent y contempler les nuages et le tonnerre roulant loin au-dessous de ses pieds.

Les hauts sommets sont couverts de neiges continuelles; ces neiges, en se fondant un peu et en se transformant en glace, s'accumulent dans les vallées, sur les pentes des larges hauteurs, et elles composent alors les *glaciers*, dont les amas resplendissans et bleuâtres sont une des curiosités les plus étonnantes des grandes chaînes de montagnes. On en voit, dans les Alpes, qui n'ont pas moins de cinq ou six lieues de longueur, sur une lieue de largeur; la *mer de Glace*, qui est un glacier célèbre sur le flanc du Mont-Blanc, a, dit-on, dans quelques endroits, sept ou huit cents pieds d'épaisseur. Les glaciers sont ordinairement hérissés d'aspérités extrêmement pointues, formant de petits obélisques de 30, 40 et jusqu'à 60 pieds de hauteur : de nombreuses crevasses ou fentes sillonnent la glace, et ont souvent une grande profondeur ; elles offrent de grands dangers aux voyageurs qui vont visiter ces solitudes redoutables. Cependant, munis d'un long bâton qui les empêche de glisser, beaucoup de visiteurs franchissent ces amas de glace, dans lesquels des guides adroits savent tailler des escaliers avec la hache.

A l'approche du printemps, des glaciers glissent tout entiers sur les pentes des montagnes qui les portent, et c'est leur mouvement qui donne naissance à ces crevasses dont on vient de parler : alors, il se fait un grand bruit semblable à celui du tonnerre, et qui retentit au loin dans les montagnes. On calcule que, généralement, ils descendent de 12 à 25 pieds par an ; plusieurs sont descendus jusqu'au fond des parties fertiles des vallées, où ils contrastent avec la verdure et les fleurs qui les environnent.

De l'extrémité inférieure d'un glacier, on voit ordinairement naître un torrent ou une rivière, que forme la partie fondue de la glace : des voûtes creusées en forme de grottes se présentent quelquefois dans ces lieux ; on admire, entre autres, la grotte profonde et majestueuse creusée dans la mer de Glace, et d'où sort avec impétuosité le torrent de l'Arveiron : c'est comme un palais de cristal orné de colonnes resplendissantes, dont les reflets azurés répandent leurs teintes sur les flots qui s'échappent de la grotte avec fracas.

Un autre phénomène commun dans les hautes montagnes, ce sont les *avalanches*, masses de neige qui se précipitent au fond des vallées, renversant tout sur leur passage, et entraînant les arbres, les rochers, les habitations. Il suffit qu'une petite boule de neige se détache de quelque sommet pour produire une effroyable avalanche : cette boule se grossit en roulant, et elle s'accroît si fort, qu'avant d'arriver au bas de la vallée elle peut acquérir la grosseur d'une maison, quelquefois celle d'une colline, et couvrir ensuite un immense espace de terrain. Quelquefois elle se réduit en poussière à l'instant de sa chute, et cette poussière glacée s'élève à une grande hauteur et se répand au loin : c'est un spectacle à la fois magnifique et terrible. Ces masses redoutables se précipitent avec le fracas du tonnerre, et leur impétuosité est telle, qu'on a vu des hommes et des animaux privés de vie seulement par le tourbillon d'air qu'elles produisent à quelque distance de leur passage.

Le vent, le moindre bruit, un oiseau, qui se pose sur une pointe de rocher, suffit pour provoquer la chute d'une avalanche. Aussi, les voyageurs doivent-ils, dans les passages étroits et dangereux, garder le silence et marcher doucement, on pousse la précaution jusqu'à remplir les sonnettes et les grelots des chevaux et des mulets, pour que le son n'excite pas dans l'air un ébranlement funeste. En plusieurs endroits, surtout dans les Alpes, on a construit, au pied des montagnes, des voûtes maçonnées, et l'on a pratiqué dans le roc des cavités où l'on peut, en apercevant une avalanche en mouvement, se retirer pour la laisser passer par-dessus. Quand ils sont dans un lieu sûr, les voyageurs tirent quelques coups de pistolet ou de fusil pour ébranler les pelotes de neige prêtes à tomber, et, après la chute des avalanches, ils continuent leur route sans crainte.

Quelque chose de plus terrible encore, ce sont les éboulemens de montagnes, qui, en un instant, changent une contrée riante en un cahos affreux, où sont ensevelis pêle-mêle les hommes, les troupeaux et les maisons. La Suisse a été souvent le théâtre d'éboulemens de ce genre : un des plus célèbres est celui du mont Rossberg, qui, en 1806, s'écroula dans la vallée de Goldau.

Une des questions qu'on ne manque pas de se faire en voyant les montagnes, c'est comment ces masses si imposantes, si énormes, ont été formées. La plupart des savans géologues croient qu'elles ont été produites par des soulèvemens du sol. Il paraît, en effet, qu'il règne une chaleur extrême dans l'intérieur de notre globe; cette chaleur, encore plus grande et plus puissante autrefois qu'aujourd'hui, a dû causer des bouleversemens effroyables dans la croûte qui l'entoure, et les montagnes sont sorties en quelque sorte du sein de la terre, dont elles ont percé violemment l'écorce.

On a même vu, dans nos temps modernes, des portions de la croûte terrestre soulevées en masse par des causes intérieures : le mont Jurullo, au Mexique, s'éleva subitement en 1759 ; on le vit sortir du milieu d'une plaine agréable et fertile, qu'il bouleversa entièrement ; l'éruption fut si violente, que d'énormes quartiers de rochers furent lancés, au milieu des flammes et des jets de boue, à une hauteur prodigieuse, et que les maisons d'une ville située à 50 lieues de là furent couvertes de cendres. Le Monte-Nuovo, près de Pouzzole, dans le royaume de Naples, se forma tout à coup en 1538, et combla en partie le lac Lucrin. Plusieurs petites îles se sont élevées, à diverses époques, dans l'Archipel et dans le groupe des Açores. Sur la côte occidentale de l'île de Banda, dans l'Océanie, se trouvait une baie qui, en 1820, a été remplacée par un haut promontoire ; en 1822, on observa que, sur une étendue de 30 lieues, la côte du Chili s'était considérablement élevée ; en 1831, près de la Sicile, s'élança du sein de la mer l'île Julia, qui depuis s'est abaissée sous l'effort des flots. Enfin, la Scandinavie tout entière s'élève graduellement d'environ un mètre par siècle.

Il faut cependant convenir que toutes les hauteurs n'ont pas dû être formées par des soulèvemens ; sans doute plusieurs des moins considérables ont été produites par l'action de vastes masses d'eau, qui, dans leurs grands mouvemens, ont refoulé et amoncelé les matières minérales dans certaines positions.

Parmi les montagnes, il en est qui, plus voisines que d'autres du foyer intérieur de la terre, et communiquant plus directement avec ce foyer, vomissement des pierres calcinées, des flammes, de la fumée, des cendres, des sables, quelquefois de l'eau et de la boue : ce sont les *volcans*. On compte sur le globe plus de 200 de ces terribles montagnes, qui épouvantent de leurs éruptions les pays d'alentour ; il en existe un bien plus grand nombre qui sont éteints aujourd'hui, mais qui ont causé jadis d'immenses bouleversemens. Les plus remarquables volcans d'Europe sont le Vésuve en Italie, l'Etna en Sicile, le Stromboli dans les îles Lipari, et l'Hekla en Islande. Le Cotopaxi, en Amérique, dans la Cordillière des Andes, est le plus redoutable et le plus haut de tous les volcans : parmi ses éruptions, une des plus fameuses est celle de 1742, dans laquelle la colonne de flammes et de matières embrasées s'éleva à 3,000 pieds au-dessus du cractère ; en 1744, le mugissement du volcan fut entendu jusqu'à 170 lieues de distance ; le 4 avril 1768, l'immense quantité de cendres qu'il vomit plongea dans l'obscurité, durant la plus grande partie du jour, les vallées du voisinage. Les éruptions du volcan s'annoncent d'une manière effrayante par la fonte subite des neiges qui le couvrent, et qui se précipitent alors en torrens impétueux dans les campagnes d'alentour.

Les minéraux fondus que les volcans rejettent, descendent et coulent le long des flancs de la montagne, et forment ce qu'on appelle les *laves* : lorsque ces coulées sont encore chaudes, elles brillent pendant les ténèbres et ressemblent à des fleuves de feu. Des blocs considérables sortent souvent des cractères et s'élèvent à des hauteurs prodigieuses; on les prendrait pour des globes lumineux : on a vu de ces blocs lancés à plus de cent lieues du volcan.

Il y a des volcans qui ne vomissent que de l'eau et de la boue : on en voit plusieurs de ce genre en Italie, en Sicile et en Amérique. Le Maccaluba, en Sicile, offre une trentaine de petits cratères, d'où s'échappe une eau boueuse et saline.

Les anciens mouvemens volcaniques ont produit des résultats bien plus grands et plus étonnans encore que ceux des volcans actuels : telles sont les colonnes prismatiques de basalte, qui forment quelqus-unes des plus intéressantes merveilles de la nature. La *Chaussée* ou le *Pavé des Géants*, sur la côte N. E. de l'Irlande, est un assemblage étrange et grandiose de plusieurs milliers de colonnes de cé genre, rangées avec un ordre et une symétrie admirable ; elle forme le cap Bengore, qui s'avance majestueusement dans la mer et offre un escarpement de 300 pieds de hauteur. La surface de ce cap, présentant la tranche de toutes ces colonnes, ressemble à un plancher carrelé avec des pierres hexagonales d'une grande régularité. La grotte de Fingal, dans l'île de Staffa, près de la côte occidentale de l'Écosse, forme un enfoncement de 250 pieds de longueur, de 90 pieds de largeur et de 60 de hauteur : la mer y pénètre, et permet de l'aller visiter en bateau. Les murs en sont formés de prismes verticaux de la plus grande régularité, et, en y entrant, on dirait une majestueuse nef d'église. Non loin de cette île, on remarque, dans celle de Mull, un cirque basaltique extrêmement curieux. Dans les parties centrales de la France nous avons aussi des basaltes disposés d'une manière remarquable. Ils forment, en quelques endroits, des masses assez semblables aux tuyaux d'un orgue : on connaît, entre autres, les orgues de Bort, dans le département de la Corrèze, et les orgues d'Expailly dans la Haute-Loire. Dans le N. O. de la Nouvelle-Ecosse, en Amérique, se trouvent les gigantesques escarpemens basaltiques de la montagne du Nord, auprès desquels, disent les voyageurs, les colonnes de Staffa et de la Chaussée des Géants ne sont que d'élégantes miniatures.

Les tremblemens de terre présentent des phénomènes qui ne sont pas moins redoutables que ceux des volcans : ils sont dus aussi à l'action de la chaleur intérieure du globe : ce sont des gaz qui cherchent une issue, mais ne rencontrent pas de soupiraux par lesquels ils puissent s'exhaler; alors ils agitent violemment la surface de la terre. Ces terribles convulsions de la nature s'annoncent par des sifflemens, des craquemens souterrains, des bruits que l'on compare à celui du canon ou au fracas des voitures roulant sur le pavé. Quelquefois, au contraire, un calme profond et funèbre règne dans toute la contrée. Les animaux donnent des signes de frayeur; les oiseaux fuient vers leurs retraites, les quadrupèdes poussent des cris plaintifs. Bientôt la surface du sol s'agite comme la mer soulevée par les vents; de la fumée, des flammes mêmes s'échappent par les crevasses qui s'ouvrent et se referment à chaque instant; on a vu, durant ces secousses, des rivières cesser de couler, des montagnes disparaître et laisser des lacs à leur place. La mer, aussi, roule avec fureur; ses eaux s'élèvent sur les côtes à des hauteurs considérables. Un même tremblement de terre se fait sentir souvent à des distances immenses : le bouleversement qui, en 1755, détruisit Lisbonne dans l'espace de deux secondes, agita aussi les eaux de la Suisse et celles des côtes de Suède et des Antilles.

Les gaz sortis du sein de la terre ont produit sans doute la plupart des *cavernes* ou *grottes*, profondeurs curieuses, qui se trouvent ordinairement dans les montagnes. Les gaz auront soulevé et écarté certaines couches de terrain, et y auront formé des cavités, comme les gaz renfermés dans la pâte mise au four y créent de toutes parts des espèces de cavernes, qu'on observe facilement quand le pain est cuit. Les eaux peuvent aussi former des grottes : supposons, en effet, qu'un ruisseau rencontre un banc de rochers qui l'empêche de couler plus loin sur la surface du sol; que ce ruisseau trouve devant ce banc un terrain meuble et tendre; il ronge ce terrain, il y pénètre, il passe sous le banc de rochers, en emportant les matières minérales faciles à entraîner; il augmente peu à peu le passage souterrain qu'il s'est frayé, et la grotte est formée.

On voit, dans beaucoup de cavernes, des jeux de la nature du plus grand intérêt : les eaux qui suintent de leurs voûtes entraînent souvent certaines substances minérales, qui s'agglomèrent à la longue, et pendent de ces voûtes en grands cônes qu'on appelle *stalactites*. Les eaux, en tombant sur le sol de la grotte, y déposent aussi de ces mêmes matières minérales, qui finissent par former d'autres cônes; on nomme ceux-ci *stalagmites*. Quelquefois ces cônes d'en haut et ces cônes d'en bas se joignent, et constituent, en s'accroissant, d'énormes colonnes qui décorent majestueusement ces salles souterraines.

Au lieu d'être en forme de salles, les cavités sont parfois sous des massifs étroits de rochers, et ne présentent que des passages sans obscurité :

ce sont alors des *ponts naturels* : le pont d'Arc, sous lequel passe l'Ardèche, est, en France, une des plus remarquables curiosités de ce genre.

C'est encore dans les montagnes qu'on rencontre ces torrens rapides, ces cascades bruyantes et majestueuses qui sont les plus intéressans spectacles de la nature. On admire, dans les Pyrénées, la cascade de Gavarnie, magnifique nappe de près de 1,300 pieds, qui tombe du mont Perdu dans un immense cirque de rochers. En Suisse, on va visiter, dans les Alpes Bernoises, la cascade du Staubbach, haute de 900 pieds, et une foule d'autres cascades curieuses.

Dans l'archiduché d'Autriche, vers la frontière du Tyrol, la petite rivière Achen tombe avec fracas d'une hauteur de 2,000 pieds.

Quand la chute est produite par un fleuve ou une grande rivière, on lui donne le nom de *cataracte*, plutôt que celui de cascade; la plus belle cataracte de l'Europe est sans doute le *Riukan-Fossen*, en Norwége : elle est formée par le Maanelv, qui va se jeter près de là dans le lac Miœsen; trois chutes distinctes la composent : les deux premières ont lieu sur des plans inclinés, et offrent, chacune, une nappe admirable; la dernière les surpasse encore, et se précipite perpendiculairement de 800 pieds de haut; lorsqu'on est convenablement placé pour voir à la fois ces trois chutes, dont la masse d'eau est immense, c'est un spectacle sublime que rien ne peut rendre.

La plus remarquable ensuite paraît être la cataracte du Lulea, en Suède : ce fleuve a, lorsqu'il se précipite, 1,600 pieds de largeur, et il tombe, suivant quelques auteurs, d'une élévation de 600 pieds. Son mugissement est terrible, et se fait entendre à une grande distance ; du fond du précipice, ses eaux s'élancent comme réduites en poudre et couvrent les blocs des rochers voisins. En hiver, les froids rigoureux forment d'abord, à quelque distance de la base de la cataracte, une voûte de glace qui repose sur les deux rives ; cette voûte, croissant à chaque instant, atteint enfin la cîme de la chute, et la recouvre d'une arcade majestueuse qui va rejoindre la superficie de la glace sur le fleuve, au-dessus de la cataracte. Au printemps, cette couverture naturelle s'écroule avec un bruit effrayant. On a vu des lièvres s'y placer assez fréquemment ; et voilà pourquoi on a donné à cette chute le nom de *Niaumelsaskas* (saut du lièvre).

Celle du Rhin, à Schaffhouse, est fort belle aussi, mais n'a que 70 pieds.

C'est en Amérique que se trouvent les plus nombreuses et les plus belles cataractes. Celles de la grande rivière Missouri offrent une réunion de plusieurs chutes, qui ont ensemble une hauteur de près de 400 pieds. Le Niagara, qui porte les eaux du lac Érié au lac Ontario, tombe de moins haut, mais a une masse plus imposante encore. « A l'endroit de sa chute, le fleuve est

« partagé en deux bras inégaux par l'île de la
« Chèvre. Le plus petit, du côté des Etats-
« Unis, a environ 200 mètres de large; l'autre
« peut avoir une largeur de 1,000 mètres, en
« suivant le contour profond que décrit la chute.
« Un quart de lieue avant d'arriver au précipi-
« ce, le Niagara commence à former des rapides
« furieux : il déroule sur les rochers sa nappe
« écumante. La chute perpendiculaire a de 140
« à 160 pieds. On ne peut apercevoir le niveau
« que loin du lieu où l'eau tombe; un chaos
« d'écume, d'eau rejaillissante, de vapeurs où
« l'arc-en-ciel se joue, voile la partie inférieure
« des cataractes. On a construit, du côté du
« Canada, une espèce de tour en bois avec un
« escalier tournant pour descendre au bord du
« fleuve, au-dessous de la chute. On se munit
« de vêtement en toile cirée pour approcher du
« gouffre. A l'admiration succède la terreur; la
« clarté du ciel est voilée. Des masses énormes
« de rochers sont suspendues sur ma tête. J'a-
« vance entre la muraille de roc et la nappe
« d'eau. Je ne vois plus rien; je n'entends plus,
« je ne me décide à battre en retraite que quand
« il ne m'est plus possible de respirer. » (1)

Des Pierres et des Terres.

Ce sont les pierres et les terres qui composen

(1) *Voyage au Pays des Osages*, par Louis Cortambert.

les plus grandes masses minérales du globe : nous les voyons partout répandues en abondance autour de nous, et servir à chaque instant à nos usages les plus ordinaires. Examinons les principales de ces matières.

Le *calcaire* est une des pierres les plus communes et les plus utiles : lorsqu'on le chauffe fortement, il s'en dégage un gaz qu'on appelle *acide carbonique*, et il ne reste plus alors que ce qu'on nomme la *chaux vive.* Si l'on verse de l'eau sur cette chaux, il se produit un phénomène intéressant : comme l'eau se combine très-facilement avec la chaux, elle devient solide dans cette combinaison, et abandonne par conséquent beaucoup de chaleur ; cette chaleur agit sur une autre partie de l'eau, et la convertit en vapeur : celle-ci s'échappe en faisant entendre une espèce de sifflement, et en brisant les morceaux de chaux dans lesquels elle se forme. Réduite en pâte, la chaux devient extrêmement utile pour unir et solidifier les matériaux des édifices.

C'est le calcaire qui forme ces belles colonnes des stalactites et des stalagmites, qui décorent si magnifiquement plusieurs grottes ; et c'est dans les stalactites et les stalagmites qu'on trouve l'albâtre calcaire. Cet albâtre n'est pas blanc comme l'albâtre ordinaire, mais agréablement nuancé de couleurs jaunâtres et rougeâtres. Il y en a qu'on nomme albâtre oriental et qui est d'un blanc jaunâtre, avec des veines d'un blanc laiteux; une autre sorte s'appelle albâtre veiné ou marbre-agate, et il est composé de couches parallèles bien distinctes. Le plus estimé est jaune de miel, et offre des bandes ondulées de couleurs diverses et vivement tranchées. On en fait de fort beaux vases et des objets de curiosité et d'ornement.

Souvent le calcaire roulé par les eaux enveloppe différens corps organiques, tels que des branches, des feuilles, des fruits, et, s'y attachant avec force, il en conserve exactement les formes. Il existe un grand nombre de sources qui jouissent ainsi de la propriété de donner l'apparence de pierre aux objets qu'on expose à l'action de leurs eaux. La fontaine de Saint-Allyre, à Clermont-Ferrand, est une des plus célèbres : si l'on y place un petit panier de châtaignes, de noisettes, de raisins, un nid garni d'œufs, etc., on les trouve, au bout de peu de jours, couverts d'une couche fort dure de calcaire. Ce calcaire s'appelle *incrustant* ou *concrétionné.*

Le marbre statuaire blanc, qui a la blancheur et l'apparence du sucre, et les marbres colorés, si abondamment répandus et dont l'usage est si fréquent, appartiennent aussi aux pierres calcaires. Il faut encore y comprendre la pierre lithographique, qui se polit parfaitement, et sur laquelle on trace, avec un crayon gras, des dessins qu'on multiplie ensuite par l'impression. Enfin, on trouve également dans les calcaires la craie, cette matière ordinairement blanche, qui, triturée et délayée avec de l'eau, fournit la pâte appelée *blanc d'Espagne* ou *blanc de Troyes*. On s'en sert, comme on sait, pour en faire des espèces de crayons avec lesquels on dessine sur les tableaux noirs ou sur du papier de couleur; on l'emploie à nettoyer et à polir les métaux, etc.

C'est dans les matières pierreuses que l'on place le sel, nommé plus exactement *muriate de soude*, sel marin ou sel de cuisine, pour le distinguer d'une grande quantité d'autres sels qu'on trouve dans la nature, ou qu'on obtient par la combinaison artificielle de diverses substances. Le sel ordinaire se rencontre ou dans le sol, sous la forme de véritables rochers, ou bien dans les eaux de la mer et dans celles de certaines sources, d'où on l'extrait par l'évaporation.

Lorsqu'il s'agit du sel de la mer, on a ordinairement des marais salans, espèces de bassins, qui reçoivent le eaux salées quand les marées sont hautes, ou dans lesquels on l'introduit au moyen de pompes; là, la chaleur fait évaporer l'eau, et permet au sel de se cristalliser. Dans le nord de l'Europe, on profite du froid pour retirer le sel des eaux de la mer, comme on se sert de la chaleur dans le midi : on introduit de l'eau marine dans les bassins; il s'y forme une couche de glace, qui n'est pas salée; on a soin de l'enlever tous les jours, de sorte que ce n'est réellement que de l'eau qu'on enlève, et le sel reste. Lorsque l'eau a été ainsi congelée plusieurs fois, on achève l'évaporation dans des chaudières.

Quand ce sont des sources qui fournissent cette matière, on fait descendre l'eau salée du haut de grands édifices : elle tombe en pluie à travers des branchages et des épines qui en retardent la chute, et l'air la fait évaporer pendant ce trajet. De là on la porte dans des chaudières, où l'évaporation s'achève. Dans plusieurs pays, et principalement dans la Normandie, on traite l'eau de mer, pour en extraire le sel, de la même manière que l'eau des sources salées.

Le sel qui se trouve en roches dans le sol se nomme *sel gemme.* Nous en avons quelques mines dans l'est de la France, surtout dans le département de la Meurthe; mais la plus grande de l'Europe est certainement celle de Wieliczka, dans la Galicie. Elle est à l'immense profondeur de 740 pieds au-dessous de la ville ; la partie exploitée a 1,100 pieds de large et environ 6,700 de longueur. C'est un vaste souterrain, avec de grandes chambres voûtées, supportées par des colonnes de sel. Il renferme une population de 600 habitants, avec les logemens nécessaires à chacun, et des écuries pour 80 chevaux. On y tient toujours allumées un grand nombre de lumières, dont la flamme, réfléchie de toutes parts sur la mine, la fait paraître tantôt claire et brillante comme le cristal, tantôt teinte des plus belles couleurs : ce qui présente un coup-d'œil enchanteur. On y voit de vastes édifices pour l'administration, des chapelles et des autels, dont les ornemens sont en sel ; plusieurs galeries plus élevées et plus larges que des églises ; enfin des lacs dont la grandeur exige des bateaux pour les visiter. Plusieurs centaines de mineurs et leurs familles y naissent et y finissent leurs jours.

Il est heureux que le sel soit une des matières les plus répandues dans la nature, car c'est aussi l'une des plus utiles. Il sert d'assaisonnement à nos mets frais, il préserve de la putréfaction les chairs que nous mettons en réserve pour nous nourrir ; on l'emploie pour l'amendement des terres ; on en consomme une grande quantité pour fabriquer l'acide hydrochlorique (1) et la soude artificielle ; on en fait le vernis de certaines poteries, on en donne souvent aux bestiaux, qui en sont très-avides, et auxquels il est salutaire.

Cependant l'usage du sel est inconnu chez quelques peuples ; il est un objet de luxe chez d'autres, comme dans l'intérieur de l'Afrique : là les seules familles riches en ont la jouissance, et un enfant suce un morceau de sel, comme si c'était du sucre. Cette matière sert même de monnaie dans plusieurs pays : chez les Mandingues, un morceau de sel, long de 2 pieds et demi, large d'environ 1 pied 2 pouces, et épais de 2 pouces, vaut de 25 à 50 francs, et il est des contrées où le sel est échangé contre un poids égal d'or.

(1) Cet acide, qui est vendu dans le commerce sous forme d'un liquide incolore, quelquefois jaunâtre, répand une odeur très-piquante lorsqu'on débouche les bouteilles dans lesquelles il est contenu ; on en extrait le chlore, et on l'emploie aussi à nettoyer les métaux que l'on veut ensuite souder ; étendu d'eau, il enlève les taches de rouille sur le linge.

Le muriate d'ammoniaque, ou sel ammoniac, est employé pour nettoyer les vases de cuivre qu'on veut étamer, et pour en retirer l'ammoniac (ou alcali volatil), substance d'une odeur très-forte et très-pénétrante, propre à enlever les taches, etc. Il est ordinairement le produit de l'art, et s'obtient par la distillation des animaux morts. Cependant on le rencontre aussi dans la nature, au milieu des matières lancées par les volcans. Autrefois, tout celui qu'on employait dans les arts et la médecine était envoyé de l'oasis d'Ammon, en Afrique, où on le retirait de la fiente des chameaux ; et c'est de ce pays qu'il a pris son nom.

Le salpêtre est une autre sorte de sel, qu'on retire des plâtras des vieilles murailles, ou de la terre qui forme le sol des caves, des étables, etc. On l'emploie dans la fabrication de la poudre, en le mêlant au soufre et au charbon ; il sert à préparer l'acide nitrique (eau forte) et l'acide sulfurique (huile de vitriol); quelquefois il peut être usité comme le sel pour conserver la viande, et la pharmacie le fait entrer dans la composition de plusieurs remèdes.

Le gypse ou sulfate de chaux, qu'on appelle vulgairement *pierre à plâtre*, est une pierre naturellement brillante, mais qui, soumise au feu, perd l'eau qu'elle contenait, et devient blanche et terne : c'est ce qu'on appelle alors du *plâtre*. On bat cette matière, on la passe à travers une claie pour séparer les morceaux qui ne sont pas cuits, et on la tamise ; le plus fin et le plus blanc est employé pour les objets de sculpture ; le plâtre grossier, susceptible de plus de dureté, sert à sceller les ferrures dans la pierre, à enduire l'extérieur des maisons, à faire les plafonds. On le répand avec succès sur les prairies artificielles pour les amender. Benjamin Franklin, savant Américain, voulant démontrer combien le plâtre était bon comme engrais, fit ensemencer un vaste champ, et traça avec du plâtre, en lettres gigantesques, les mots suivans : *Ceci a été mis à l'engrais avec du plâtre.* La végétation devint si forte et si serrée aux endroits figurant des lettres, qu'il fut facile à tous les concitoyens du grand homme de lire ce précepte.

C'est encore le gypse qui donne cet albâtre d'un beau blanc de lait, qu'il ne faut pas confondre avec l'albâtre calcaire, et qui sert, comme celui-ci, à la confection d'une foule d'ornement.

Le quartz est remarquable par son extrême abondance, et par les usages multipliés auxquels il se prête. On calcule qu'il forme presque un tiers de la masse totale de la croûte solide du globe.

Il comprend, parmi ses plus jolies pierres, le cristal de roche, qui a la limpidité de l'eau la plus pure. Le cristal de roche violet prend le nom d'améthyste : c'est une charmante pierre, susceptible d'un beau poli, et fréquemmént employée dans la bijouterie ; on la place presque toujours à l'anneau pastoral des évêques : aussi l'appelle-t-on souvent *pierre d'évêque*. Les anciens attribuaient à l'améthyste la propriété de préserver de l'ivresse ; c'est pourquoi ils s'en mettaient aux doigts, ou s'en suspendaient au cou, lorsqu'ils faisaient de trop abondantes libations. Les améthystes les plus estimées viennent du Brésil et de la Sibérie. Le cristal de roche rose s'appelle *rubis de Bohème*.

La variété du quartz la plus répandue est le sable siliceux, composé de petits grains, tantôt isolés, tantôt agrégés ; dans le premier cas, c'est le sable proprement dit, qui forme les dunes mouvantes des bords de la mer, le fond du lit d'un grand nombre de rivières, et le sol de la plupart des plaines arides, par exemple des déserts de l'Afrique ; c'est là le sable qu'on emploie pour la fabrication du verre, en le fondant avec de la soude ou de la potasse ; en le mêlant avec de la chaux, on en compose les mortiers propres à solidifier les constructions de maçonnerie ; son aridité même le rend utile pour l'agrément de nos jardins, où répandu dans les allées et dans les autres lieux destinés à la promenade, il forme une sorte de pavé doux, et s'oppose à la croissance des mauvaises plantes. Lorsque les grains de sable sont agrégés et fortement unis entre eux, ils composent des grès dont on fait des pierres de taille, des pavés, des meules à aiguiser, des plaques minces pour filtrer les eaux.

L'agate est une sorte de quartz qu'on trouve dans certaines roches sous la forme d'amande. On distingue les agates fines et les agates grossières : les premières ont des couleurs vives et diverses ; elles comprennent les calcédoines, qui varient du blanc laiteux au blanc roussâtre ou bleuâtre, et dont les plus belles, dites orientales, présentent des ondes ou de petits nuages pommelés qui font un assez bel effet. Elles comprennent aussi les cornalines, beaucoup plus estimées que les calcédoines. Les cornalines viennent généralement de l'Asie, et sont particulièrement employées pour la gravure et la sculpture : les Grecs et les Romains ont beaucoup gravé sur cette pierre. Il faut encore distinguer les agates-onyx, ou agates-ongles, qui présentent plusieurs couleurs différentes, disposées en bandes, et ressemblant un peu quelquefois à celles qu'on observe sur les ongles de l'homme. Enfin on recherche certaines agates qui montrent dans leur intérieur des dessins noirs ou rouges, représentant de petits arbres, des mousses ou d'autres plantes : on les appelle *agates arborisées* ou *herborisées*.

Les agates grossières sont les silex : tel est le silex pyromaque, ou la pierre à fusil, qui, frappée avec l'acier, donne lieu à de vives étincelles. La seule carrière de France où l'on exploite en grand cette matière est celle du canton de Saint-Aignan (Loir-et-Cher) : on y prépare environ 40 millions de pierres à fusil par an.

Il faut aussi connaître le silex molaire ou la pierre meulière, criblée de cavités, et qu'on emploie pour faire des meules de moulins et les pierres de maçonnerie nommées *moellons*.

Le quartz comprend encore le jaspe, qui est tout à fait opaque, mais doué de couleurs vives très-variées et susceptible d'un beau poli.

L'opale est un quartz assez fragile, d'un éclat résineux : l'opale irisée et l'opale de feu sont fort belles.

Le feldspat est à peu près aussi dur que le quartz. Ses plus intéressantes variétés sont le feldspath *pétunzé* et le feldspath décomposé ou le *kaolin* : tous deux sont blancs, mais le kaolin est friable, tandis que le pétunzé se trouve en lames et en cristaux. Le kaolin a la propriété de résister à un feu très-vif, et l'autre est fusible; en les mélangeant, et en faisant une pâte qu'on triture et qu'on bat, on obtient cette matière précieuse qui se nomme *porcelaine*.

Le mica forme des lames minces et élastiques; quelquefois il compose de grandes feuilles transparentes, qui peuvent remplacer le verre à vitre. Les Russes l'emploient beaucoup pour vitrer les vaisseaux de guerre, car il a l'avantage de ne pas se briser par l'explosion de l'artillerie: ils s'en servent aussi pour garnir les lanternes, et souvent même pour les croisées des maisons; on en exploite en Sibérie d'immenses quantités. Le mica lamelliforme ou pulvérulent se divise en petites paillettes brillantes, qui ont la couleur de l'argent ou de l'or; la poudre qu'on répand sur l'écriture pour la sécher est souvent de la poudre de mica.

La magnésie ou magnésite est une terre blanche, légère, douce au toucher : l'*écume de mer*, avec laquelle on fait les belles pipes blanches du Levant, est une sorte de magnésie.

Le talc offre, comme le mica, des feuillettes faciles à détacher; mais ils sont mous et non élastiques. Un des talcs les plus utiles est la *craie de Briançon*, qui est la base des crayons de pastel, et qui, réduite en poudre fine, s'emploie pour la préparation du fard destiné à la toilette des dames, pour diminuer le frottement des machines, pour faciliter l'introduction des pieds dans les bottes, etc. Une autre sorte de talc est la *pierre de lard*, qui peut se couper comme du savon, et dont les tailleurs se servent pour tracer les coupes sur le drap.

L'asbeste ou amiante est une pierre fort singulière composée de filaments minces et flexibles, qui peuvent se filer comme le chanvre ou le coton. On en fait des tissus qui ont la précieuse propriété d'être incombustibles. Les Chinois en fabriquent des pièces entières d'étoffes ; on en obtient aussi du papier, et il existe, dans la bibliothèque de l'Institut, un ouvrage imprimé sur cette matière. On en fait des mèches incombustibles, et qui n'ont conséquemment pas besoin d'être mouchées. En Corse, les potiers mêlent l'amiante à l'argile pour en fabriquer des poteries légères, fort solides, et qui résistent à l'action d'un grand feu. Dès la plus haute antiquité, on employait les tissus d'amiante à brûler les corps, ce qui rendait facile la conservation des cendres des morts; mais les riches seuls pouvaient s'en servir, parce que ces tissus étaient d'un prix excessif. Son usage actuel le plus vulgaire s'applique aux briquets : on met de l'amiante dans une petite bouteille, et on l'imbibe d'acide sulfurique; il suffit alors, pour avoir du feu, de frotter contre cette amiante des allumettes oxygénées, c'est-à-dire des allumettes dont le bout est empâté avec une petite boulette de chlorate de potasse et de soufre.

Le tripoli est une matière d'une teinte rose ou blanche, qui, réduite en poudre, sert à polir les métaux.

Les schistes sont des roches qui se divisent en feuillets minces : un des plus précieux est l'ardoise, dont les feuillets sont solides, droits et sonores; généralement elle est grise : cependant on en trouve aussi de verdâtre, de rougeâtre, de violette. En France, les plus importantes ardoisières (carrières d'ardoise) sont celles d'Angers et des Ardennes. L'ardoise sert à couvrir les maisons, à faire des tablettes pour écrire, et des crayons pour tracer les caractères sur ces mêmes tablettes; quelques variétés font de bonnes pierres à aiguiser, surtout des pierres à rasoir.

On nomme argiles des substances terreuses, tendres et douces, qui ont été généralement charriées, broyées et réduites en limon par les eaux; elles jouissent de la propriété de se délayer dans l'eau et d'y faire une pâte onctueuse, tenace ; susceptible de se mouler et d'acquérir au feu une grande dureté. Celles qu'on appelle argile plastique et argile figuline ou terre glaise sont les plus intéressantes par leurs usages variés et importans : on en fait les poteries communes, les faïences, les briques, les tuiles. La nature a répandu avec profusion ces matières si utiles.

L'argile smectique, ou terre à foulon, a une pâte fine et savonneuse, employée pour enlever aux draps les parties huileuses mêlées à la laine.

L'argile calcarifère qui se nomme aussi marne, est extrêmement commune. Elle est souvent employée à faire des vases et des briques; la marne verdâtre de Montmartre est une bonne *pierre à détacher*; mais l'un des usages les plus importans de la marne, c'est de pouvoir être mêlée aux terres pour les amender.

Nommons encore l'argile ferrugineuse, dont une variété colorante, appelée ocre, sert à faire les crayons rouges.

Le granite est une pierre composée de grains de feldspath, de quartz et de mica, étroitement unis et entrelacés. Généralement le granite est grisâtre, cependant il y en a de rouge, de rose, etc.; un des plus beaux est le granite rouge d'Egypte, dont on a fait des obélisques et d'autres monumens célèbres : l'obélisque de Louqsor, qu'on voit sur la place de la Concorde à Paris, est une seule pierre de granite. Cette matière est très-dure, et constitue le noyau de la plupart des principales chaînes de montagnes; elle forme, en quelque sorte, les *vieux ossemens du monde.* Cependant elle ne présente pas dans les constructions autant de solidité qu'on pourrait le penser, parce qu'elle se décompose facilement à l'air, c'est-à-dire que ses grains se détachent les uns des autres et tombent.

La syénite, qui tire son nom de la ville de Syène, en Egypte, s'appelle encore granite noir antique ou basalte oriental: c'est une belle pierre, avec laquelle les Egyptiens ont fait des statues et de petits obélisques.

La ponce est une substance lancée jadis par les volcans, très-poreuse et fort légère; elle est âpre au toucher, et raie des corps très-durs, quoiqu'elle soit elle-même assez facile à briser: aussi, l'emploie-t-on pour donner le poli à différens corps. On la tire des îles de Ponce et de Lipari, dans la mer Tyrrhénienne.

L'obsidienne est une matière également volcanique et qui ressemble à du verre; elle est ordinairement noire. Les peuples de l'antiquité et les Péruviens en ont fait des miroirs et des instrumens tranchans.

Le porphyre se compose d'un mélange de feldspath et de quartz; il est généralement fort dur, orné de couleurs variées, et peut recevoir un beau poli. On distingue le porphyre rouge antique, souvent employé par les Égyptiens pour faire des sépulcres, des statues, des obélisques; il y a aussi le porphyre noir, le porphyre vert.

La serpentine est une sorte de roche dans la composition de laquelle il entre beaucoup de talc, elle est tendre et douce au toucher, et la surface en est souvent veinée de vert, de jaunâtre ou de rougeâtre : on a comparé ces taches à celles que présente la peau des serpens, et c'est de là que vient le nom de cette pierre. Avec la *serpentine noble*, on fait divers ornemens. Dans plusieurs pays, la serpentine commune sert à la fabrication de certaines poteries : on l'appelle alors *pierre ollaire* (1).

Le basalte est un ancien produit volcanique, qui abonde en Auvergne et dans les autres pays où se trouvent des volcans éteints. Nous avons déjà parlé des admirables colonnades naturelles qu'il forme en beaucoup d'endroits. Il est fort dur, et on l'emploie pour la construction des maisons, pour l'empierrement des routes, pour divers objets d'ornement. Les Anciens s'en sont servis dans un grand nombre de monumens; les Egyptiens en ont fait des statues, des vases et une foule d'autres ouvrages intéressans dont nous décorons nos musées.

La pouzzolane est une espèce de sable volcanique, précieux dans l'art de bâtir : en le mêlant à la chaux, on en fait un excellent ciment hydraulique, c'est-à-dire un ciment propre aux ouvrages qui doivent rester sous l'eau.

(1) Du mot latin *olla*, marmite.

Nous avons vu dans les quartz quelques *pierres précieuses;* c'est-à-dire de ces pierres que le lapidaire taille comme objets de parure, mais qui sont dans le fait, moins précieuses que beaucoup d'autres; il y a encore plusieurs pierres qui portent ce nom : les principales sont la topaze, la turquoise, le spath-fluor, l'émeraude, le zircon, le corindon, le spinelle. On y place communément aussi le diamant; mais, dans la réalité, il n'est pas une pierre, comme nous le verrons par la suite.

La topaze est fort dure, ordinairement jaune; souvent, cependant, elle est d'un bleu céleste, et quelquefois elle est incolore et limpide ; on en trouve fréquemment au Brésil. La Saxe et la Sibérie sont les autres contrées où l'on rencontre le plus de topazes.

Les turquoises sont opaques et compactes, d'un bleu céleste ou d'un vert pâle : les plus estimées sont les turquoises orientales, qui viennent de l'Asie, et particulièrement de la Perse.

Le spath-fluor offre des cristaux ornés de teintes très-diverses : une des variétés les plus recherchées est celle que l'on trouve en Angleterre, et qui est composée de couches successives, alternativement blanches et violettes; on en fait des vases et des plaques d'ornement.

L'émeraude comprend plusieurs variétés intéressantes : l'émeraude proprement dite est d'un vert pur; on la trouve dans la Colombie et en Egypte.

Il y a des émeraudes d'un bleu verdâtre, avec la teinte de l'eau de mer : on les appelle *aigues-marines*; c'est surtout en Sibérie qu'on les rencontre. — Les jaunes et les incolores se nomment *bérils;* celles-ci sont assez communes, et l'on en trouve près de Limoges.

Les grenats sont ordinairement transparens et d'un beau rouge ; cependant il y en a de verts, de bruns et de noirs. Ce sont des pierres peu rares, par conséquent de peu de valeur dans la bijouterie; on estime toutefois les grenats d'un rouge violet ou pourprés qu'on nomme *grenats syriens*, et ceux d'un rouge orangé qu'on appelle *vermeilles*

Le *lapis* ou lapis-lazuli est une pierre opaque d'un bleu d'azur ; lorsqu'il offre un bleu très-vif et qu'il est exempt de taches, les artistes le recherchent beaucoup et le travaillent en forme de plaques. Mais le principal usage du lapis est de fournir à la peinture cette belle couleur bleue, presque inaltérable, connue sous le nom *d'outremer*.

Le zircon est fort dur, et c'est la plus pesante des pierres précieuses : tantôt il est orangé brunâtre, et se nomme alors *hyacinthe;* tantôt il est incolore ou jaune verdâtre, et on lui donne dans ce cas le nom de *jargon*.

Le corindon est le minéral le plus dur après le diamant. La variété la plus précieuse de cette pierre est le corindon hyalin, dont les couleurs sont vives et variées, et que sa dureté et l'intensité de son éclat font estimer quelquefois presque à l'égal du diamant lui-même : le rouge cramoisi s'appelle *rubis oriental*, le jaune pur est la *topaze orientale ;* le bleu d'azur, le *saphir*, le violet pur, *l'améthyste orientale*, enfin le vert est *l'émeraude orientale*. C'est principalement dans l'Inde que se trouve le corindon hyalin ; on en a découvert en France dans le ruisseau d'Expailly (Haute-Loire) et au mont Dor (Puy-de-Dôme).

Quelquefois le corindon se présente mélangé de fer, et sa couleur est alors brune, gris bleuâtre ou rougeâtre; dans cet état, il n'a rien qui flatte la vue, rien qui le fasse rechercher comme objet de luxe ; mais il a l'avantage d'être réellement utile : sous le nom *d'émeril*, il sert, réduit en poudre, à polir les métaux, les glaces, etc. on en trouve particulièrement en Saxe et dans l'île de Naxos.

Les spinelles sont presque aussi durs que les corindons, et leur vif éclat les place parmi les pierres les plus recherchées. Leur couleur générale est rouge, et on leur donne aussi le nom de rubis. Le spinelle rouge ponceau se nomme *rubis spinelle*; celui dont le rouge approche du rose intense ou du violâtre est le *rubis-balais*. C'est l'Asie, ce pays si riche en autres pierres précieuses, qui fournit aussi les plus beaux spinelles.

Des Métaux.

Les métaux ont l'avantage d'être fusibles et malléables, c'est-à-dire qu'ils peuvent se fondre et se forger. Ce sont sans contredit les plus importans des minéraux, car on les emploie dans presque tous les arts les plus nécessaires à la vie ; ils servent à fabriquer les instrumens sans lesquels la plupart de ces arts n'existeraient pas, et ils sont même devenus les signes représentatifs de toutes les autres richesses, en circulant comme monnaie dans la société.

Les métaux se trouvent tantôt *natifs*, c'est-à-dire purs et libres, sans être mélangés à d'autres matières, tantôt en *minerais*, c'est-à-dire combinés avec d'autres substances, dont il faut les séparer, souvent avec beaucoup de difficultés et à grands frais.

Le plus lourd des métaux, et l'un des plus rares, est le platine, qu'on ne trouve guère que dans les monts Ourals, la Colombie et le Brésil. Ce métal est d'un gris d'acier tirant sur le blanc d'argent. Il résiste à une très-forte chaleur ; il est inaltérable à l'air, et les acides ne peuvent l'attaquer; il est en même temps très-tendre et très-maléable.

L'or est ensuite le plus lourd métal. Il se rencontre communément au milieu des sables charriés par les rivières, ou dans des matières roulées anciennement par les eaux Les principales mines d'or exploitées aujourd'hui sont celles du Chili et du Brésil; d'autres pays d'Amérique, comme la Colombie et le Mexique, en possèdent aussi beaucoup. L'Afrique offre une grande quantité de poudre de ce métal. Les monts Ourals et divers cantons de l'intérieur de la Sibérie sont riches en or. Il est assez répandu en Europe, quoique les mines de la Hongrie et de la Transylvanie soient presque seules exploitées aujourd'hui : celles des Alpes et des Pyrénées ne le sont plus. Mais on recueille des paillettes d'or dans plusieurs rivières qui descendent de ces montagnes; on en trouve aussi dans quelques-uns des cours d'eau qui viennent des Cévennes.

L'or n'est pas assez dur pour être employé seul : on l'allie toujours à une petite quantité de cuivre ou d'argent.

L'argent est presque moitié moins pesant que l'or. On le rencontre moins souvent à l'état natif qu'à l'état de minerai; le minerai d'argent le plus abondant est le sulfure d'argent, c'est-à-dire une combinaison d'argent et de soufre. Les principales mines de ce métal sont celles du Mexique et du Haut-Pérou. En Europe, les plus importantes sont dans la Norwége, l'Allemagne et la Hongrie. La France en a quelques-unes, où l'argent est mêlé au plomb.

Le cuivre se trouve aussi plus souvent en minerai que sous la forme native : parmi les minerais de cuivre se trouvent les azurites et les malachistes, qui forment de superbes masses bleues ou vertes. Nous n'avons en France qu'une mine de cuivre, celle de Chessy, dans le département du Rhône. Mais cet utile métal est commun dans un grand nombre de pays. Les contrées de l'Europe où il abonde le plus sont l'Angleterre, la Suède, la Russie et l'Allemagne. Il y en a de très-considérables au Japon et au Chili.

On sait que l'humidité de l'air couvre le cuivre d'un oxyde, c'est-à-dire d'une sorte de rouille, qui est un poison violent : c'est le *vert-de-gris*, substance redoutable, qui est cependant très-utilisée dans les arts à cause de sa belle couleur.

Le mercure ou vif-argent se présente ordinairement sous une forme liquide, mais un froid très-rigoureux peut le geler. Il est fort employé dans les sciences physiques, chimiques et médicales. Tous nos jeunes lecteurs auront surtout remarqué qu'il entre dans la construction des baromètres et de certains thermomètres. Le seul minerai qui soit exploité pour en extraire ce métal est le sulfure de mercure, ou le cinabre, qui donne la belle couleur rouge nommée *vermillon.* Les principales mines de mercure sont celles de la Carniole, de la Bavière Rhénane, d'Almaden, en Espagne, et de l'Amérique méridionale.

Le fer est certainement le plus utile de tous les métaux, et c'est aussi le plus abondant; il ne fond qu'à une température extrêmement élevée; mais il se ramollit aisément au feu de forge ordinaire, et peut recevoir alors toutes les formes imaginables. Il provient, en général, de minerais, communément; c'est avec l'oxygène qu'il est combiné, et il s'offre sous une apparence rougeâtre ou jaunâtre. Il existe toutefois un minerai noir et brillant qu'on appelle fer magnétique ou aimant naturel : c'est celui qui donne les fers de la meilleure qualité, entre autres ceux de Suède et de Norwége. Un barreau de ce fer attire l'autre fer, et, suspendu librement, il dirige l'une de ses extrémités vers le N., l'autre vers le S.; par le contact et le frottement, il peut communiquer sa propriété à des barreaux d'autres fers. Grâce à cette précieuse propriété, on a pu faire la *boussole*, qui guide aujourd'hui les hommes dans l'immense étendue des mers.

Une sorte de fer nommée fer météorique compose souvent ces masses étranges qui, sous le nom *d'aérolithes*, sont tombées de l'atmosphère à diverses époques. D'où viennent ces singuliers fragmens ? Quelques savans les attribuent aux éruptions des volcans de la lune; d'autres ont supposé que ce sont des morceaux de planètes qui circulent dans l'espace jusqu'à ce qu'ils se trouvent engagés dans la sphère d'attraction de la terre; là, pense-t-on, le frottement qu'ils éprouvent par leur contact avec l'air les échauffe, ils s'enflamment, et se brisent en éclats. Les aérolithes se présentent d'abord sous l'apparence d'un globe de feu qui se meut rapidement dans l'espace, lançant parfois des étincelles, et laissant derrière lui une traînée lumineuse. Après avoir brillé quelque temps, cette masse éclate tout à coup dans les régions supérieures de l'atmosphère, avec de fortes détonations suivies d'un bruit semblable au roulement de plusieurs tambours ; puis les aérolithes tombent avec une grande rapidité ; on entend les sifflemens produits par leur passage, et elles s'enfoncent profondément dans le sol : une forte odeur de poudre ou de souffre se répand dans les lieux d'alentour. Toutes les aérolithes ne sont pas de fer ; la plupart, au contraire, ont une nature pierreuse, et elles tombent quelquefois en nombreux fragmens, qui sont ce qu'on appelle une *pluie* ou *grêle* de *pierres*.

Les jeunes gens se demandent souvent à quelle sorte de métal appartient l'acier. Ce n'est autre chose que du fer avec lequel on a combiné un peu de charbon.

Le manganèse est un métal assez répandu, mais qui ne se trouve pas natif ; on le retire du minerai nommé oxyde de manganèse. Il est très-cassant, d'un blanc gris, et brillant quand on le brise. Une de nos principales mines de ce métal est celle de Romanèche, dans le département de Saône-et-Loire. Il est employé dans la verrerie sous le nom de *savon des verriers* : à une certaine dose, il décolore le verre et lui donne une grande limpidité ;

en forte dose, au contraire, il lui imprime une couleur violette.

L'étain se retire du minerai qu'on nomme oxyde d'étain. C'est le plus léger des métaux usuels ; c'est aussi l'un des plus communément employés : allié au plomb, il constitue la soudure des plombiers ; réduit en lame mince, et amalgamé avec le mercure, il forme le *tain* dont on double les glaces ; appliqué sur le cuivre, il constitue *l'étamage*, qui préserve ce dernier de sa dangereuse oxydation ; si l'on en recouvre des lames minces de fer, c'est-à-dire la tôle, on obtient du *fer blanc;* en le combinant avec le cuivre, on forme *l'airain* ou *bronze*, dont sont faits les canons, les cloches, les statues. On trouve de très-riches mines d'étain en Angleterre, en Allemagne, dans la presqu'île de Malacca et en Amérique. La France n'en exploite pas.

Le plomb est, comme on sait, très-mou, facile à réduire en lames, et fusible à une faible chaleur ; on le croit généralement le plus lourd des métaux, quoiqu'il soit moins pesant que le mercure, l'or et le platine. On ne le trouve pas natif, mais on l'extrait d'un minerai appelé galène ou sulfure de plomb. La France en possède quelques mines dans les départemens du Finistère, de la Lozère et de l'Isère. L'Allemagne et l'Angleterre en ont bien davantage.

Le cobalt est un métal d'un gris rousâtre, facile à réduire en poudre, et très-employé dans les arts, surtout pour fabriquer de belles couleurs bleues.

Le zinc est un des métaux les plus usités dans les arts : on en fait des baignoires, des seaux, des gouttières, etc. ; en l'alliant au cuivre, on obtient le cuivre jaune ou le laiton. Il brûle facilement et répand une flamme éblouissante, ce qui le fait employer dans la composition des feux d'artifice. Il ne se rencontre pas à l'état natif : on le retire des minerais connus sous les noms de blende et de calamine. La France a peu de mines de ce métal, et presque tout celui qui sert à nos usages vient de la Prusse et de l'Angleterre.

L'antimoine, fragile et peu dur, est d'une grande utilité dans la médecine, et souvent aussi dans les arts, où il est ordinairement allié avec le plomb et avec l'étain : avec le plomb, il est employé, par exemple, à fabriquer les caractères d'imprimerie et des robinets de fontaines; avec l'étain, qu'il rend plus dur, on en forme des planches qui servent à graver la musique. L'Auvergne, le Languedoc et le Poitou ont des mines d'antimoine; mais, pour ce métal encore, nous sommes moins riches que nos voisins les Allemands.

L'arsenic est aussi une substance métallique : ses propriétés vénéneuses nous le rendent propre à la destruction des animaux nuisibles, comme les souris; et la *poudre à mouches*, qu'on appelle aussi *poudre de cobalt*, n'est autre chose que de l'arsenic réduit en poussière et mélangé avec de l'eau. Allié au cuivre, l'arsenic compose une matière nommée *cuivre blanc*, avec laquelle on fabrique, surtout en Allemagne, une foule d'objets d'utilité et d'agrément. Mais, si l'arsenic est utile, que de malheurs n'a-t-il pas causés! C'est ordinairement ce redoutable métal que des mains criminelles choisissent pour l'empoisonnement. Les accidens causés par l'arsenic se manifestent d'abord par des coliques atroces, des sueurs froides, des nausées, des vomissemens de matières brunes mêlées de sang. Les premiers secours qu'il faut apporter alors consistent à faire boire au malade assez d'eau tiède sucrée pour déterminer le vomissement; ou bien on peut faire prendre une infusion de graine de lin, ou de l'eau tenant en suspension un peu de craie réduite en poudre.

Les matières minérales combustibles.

L'homme trouve souvent dans le sein de la terre, plus abondamment encore que dans le règne végétal, les combustibles dont il a besoin pour s'éclairer, pour se chauffer, ou pour fondre les métaux.

Un des plus intéressans est le *soufre*, facile à reconnaître à la flamme et à l'odeur qui lui sont particulières. On le rencontre surtout dans les pays volcaniques, comme l'Italie, la Sicile, l'Islande; l'exploitation des mines de soufre est ordinairement pénible et malsaine : « En pénétrant dans ces souterrains chauds, puants et humides, a dit un voyageur, on désirerait qu'il fût possible de se passer de soufre, ou que du moins il n'y eût pas des hommes condamnés par la misère à passer là toute leur vie dans le travail à la fois le plus rude et le plus stupide. »

Le diamant, qui semble d'abord appartenir aux matières pierreuses, et qui est considéré vulgairement comme une pierre précieuse, est cependant un combustible, et ce n'est même que du charbon pur. C'est le plus brillant et le plus dur des minéraux, mais il est en même temps très-fragile : un léger choc suffit pour le briser.

Ordinairement les diamans sont sans couleur ; cependant il s'en trouve de jaunes, de verts, de roses, de bleus et de noirâtres. Les roses sont le plus recherchés parmi les diamans colorés ; mais on leur préfère en général les diamans incolores, lorsqu'ils sont d'une belle eau. Les diamans sont toujours ternes à l'état brut ; ils doivent tous leurs feux, tout leur éclat, à l'opération de la taille et du poli. Mais, comme aucune substance n'est capable de les attaquer par le frottement, à cause de leur grande dureté, le lapidaire ne parvient à les user et à les polir qu'au moyen de leur propre poussière, appelée *égrisée*. Il faut aussi remarquer que ce minerai a la propiété de se laisser *cliver*, c'est-à-dire diviser en bandes parallèles, lorsqu'il est soumis dans un certain sens au choc d'une lame d'acier.

On évalue le poids des dinmans en carats (le

carat équivaut à quatre grains) : un diamant d'une belle eau, d'un seul carat, vaut 250 fr.; un diamant de deux carats, 1,000 fr.; de six carats, 5,000 fr.

Parmi les diamans les plus célèbres par la grosseur du volume, on cite celui du radjah de Mattan, dans l'île de Bornéo : il pèse 367 carats. Celui que le Grand-Mogol possédait au temps de Tavernier était de la forme et de la grosseur d'un œuf coupé par le milieu ; il pesait 279 carats.

Le prince de Lahore, dans l'Hindoustan, a un diamant célèbre nommé *Montagne de Lumière*, et gros comme la moitié d'un œuf.

Le plus beau diamant de l'empereur de Russie pèse 195 carats : il est de forme ovale et de la grosseur d'un œuf de pigeon. Celui de l'empereur d'Autriche est de 139 carats. Le *Régent*, qui appartient à la couronne de France, ne pèse que 136 carats : mais la taille en est admirable, et il passe pour le plus beau diamant que l'on connaisse : on lui donne une valeur de plus de cinq millions de francs.

Les plus riches mines de diamant sont celles de l'Hindoustan. On en trouve aussi au Brésil, à l'île de Bornéo et aux monts Ourals. C'est toujours dans les terrains sablonneux que se trouve ce charbon si recherché, et ordinairement on rencontre de l'or dans les mêmes endroits.

Le diamant n'est trop souvent, il faut en convenir, qu'un frivole objet d'ornement : cependant, rendons-lui justice, il est quelquefois fort utile :

taillé en pointe, on l'emploie pour couper le verre et pour graver sur les corps durs.

Le bitume est un combustible qui se rapproche un peu des huiles ordinaires : il brûle avec flamme, et répand une odeur forte ; on en distingue deux sortes : l'une nommée *naphte* ou *pétrole*, sort de la terre sous la forme de sources jaunâtres ou brunâtres ; l'autre est solide, noire, et se nomme *asphalte*.

La seule source de pétrole connue en France est celle de Gabian, dans le département de l'Hérault : elle donne ce qu'on appelle vulgairement l'*huile de Gabian*. Il existe des sources bitumineuses assez abondantes en Italie, en Sicile, dans l'empire d'Autriche, en Valachie, dans l'île de Zante, dans les États-Unis ; il y en a beaucoup en Asie, surtout dans le voisinage de la mer Caspienne, aux environs de Bakou ; là, les sources enflammées naturellement répandent au loin, pendant la nuit, leur clarté sépulcrale, et les Guèbres, adorateurs du feu, viennent en pèlerinage vénérer leur divinité.

Les bitumes solides surnagent ordinairement sur la surface de certains lacs, et particulièrement du lac Asphaltite, en Judée. Mais il en existe aussi des mines dans le sol : il s'en trouve une très-importante, près de Seyssel, dans le département de l'Ain.

Les usages des bitumes sont très-multipliés. En beaucoup d'endroits, on s'en sert pour le chauffage ;

ailleurs, pour l'éclairage. Ils entrent dans la composition de certains vernis noirs; on en enduit les engrenages des grandes machines, et les bois et les câbles qu'on veut préserver de l'humidité; on en goudronne les vaisseaux et leurs agrès; on en fait d'excellens mastics. Les anciens Egyptiens employaient l'asphalte de Judée et d'autres bitumes pour embaumer leurs corps et en faire ce que nous appelons les *momies d'Egypte*. Enfin, on en compose des espèces de dalles, en les mélangeant avec du sable : plusieurs boulevarts, quelques ponts, et diverses autres parties de Paris offrent aujourd'hui de jolis trottoirs en asphalte.

La houille, ou le charbon de terre, est le plus précieux des combustibles; cette matière est très-abondamment répandue dans le sein de la terre; et donne, à volume égal, plus de chaleur que le bois; elle brûle avec une odeur bitumineuse : car elle contient une certaine quantité de bitume. La France possède d'assez grands dépôts de houille, surtout dans les départemens du Nord, de Saône-et-Loire, de l'Allier, de la Loire et de l'Aveyron. La Belgique en a des mines très-importantes. Mais l'Angleterre est le pays d'Europe le plus riche en charbon de terre; et c'est sans doute à l'abondance de ce combustible qu'elle doit la haute prospérité manufacturière à laquelle elle est parvenue.

La houille donne, par la distillation, le gaz hydrogène de l'éclairage; elle se transforme, avant de se consumer entièrement, en une matière charbonneuse et poreuse qu'on appelle coke, et qui a la propriété de brûler sans dégager de fumée : on utilise ce coke pour le chauffage.

L'anthracite ressemble beaucoup à la houille ; mais il brûle avec une flamme très-courte, sans fumée et sans odeur, car il ne contient pas de bitume. Il répand beaucoup de chaleur, et, dans les Etats-Unis, où il est plus commun que le charbon de terre, on en fait un grand usage.

Le graphite, qu'on nomme encore *plombagine* ou *mine de plomb*, quoiqu'il ne contienne pas un atome de plomb, est un charbon tendre et d'un gris noirâtre. On en fait des crayons. Il y a, en Angleterre, du graphite remarquable par sa finesse et sa douceur ; aussi les crayons anglais sont-ils supérieurs à ceux de la plupart des autres pays.

Toutes ces substances minérales charbonneuses, les anthracites, le diamant lui-même ne paraissent être que des débris d'anciens végétaux. Cette origine est encore bien plus évidente dans le lignite, appelé aussi bois bitumineux ou bois fossible ; c'est une matière noire ou brune, qui provient d'anciennes tiges d'arbres, et qui s'allume et brûle avec autant de facilité que le bois sec. On distingue, parmi les lignites, le *jayet* ou *jais*, d'un noir brillant, employé pour faire des bijoux de deuil.

Quant à la tourbe, qu'on trouve en abondance dans certains pays marécageux, elle est formée de débris d'herbes. Elle est fort employée pour le chauffage dans la Flandre, l'Artois, la Picardie, etc., et ses cendres servent très-utilement pour amender les terres.

L'ambre jaune, ou le succin, est une sorte de résine, qui provient sans doute d'anciens végétaux, enfouis dans le sol depuis bien des siècles. Il répand, en brûlant, une odeur agréable; on l'emploie surtout comme objet d'ornement; on en fait des colliers, des boutons, de petits meubles. C'est sur les côtes de la Baltique, en Prusse, qu'on le recueille.

Si l'on frotte, avec une étoffe de laine ou une peau de chat garnie de son poil, un morceau d'ambre jaune, on voit que les petits corps légers avec lesquels il est en contact sont attirés vers lui et s'y attachent; cette propriété a été appelée *électricité,* parce que les Grecs donnaient à l'ambre le nom *d'électron.* Mais l'électricité a été reconnue dans bien d'autres corps, et elle est devenue l'une des plus vastes et des plus intéressantes parties de la physique.

Des Fossiles.

On nomme *fossiles* d'anciens aninimaux et d'anciens végétaux enfouis dans le sol et transformés en minéraux. Il en est qui ne diffèrent pas beaucoup des espèces qui vivent encore : ce sont, par exemple, des éléphans, des rhinocéros, des hippopotames, des ours, des chevaux, des bœufs, généralement plus grands que ceux qu'on voit aujourd'hui. D'autres diffèrent beaucoup des êtres organisés qui peuplent actuellement la surface du globe : ce sont d'énormes quadrupèdes, ou d'immenses reptiles, à formes étranges, tels que les mégalosaures, les lézards volants, et l'iguanodon, trouvé récemment en Angleterre et dont le corps, aussi gros que celui d'un éléphant, a plus de 80 pieds de longueur ; ce sont aussi d'innombrables coquilles, comme les ammonites, roulées en forme de corne de bélier ; des fougères gigantesques, etc.

Remarquons que beaucoup de fossiles se rencontrent dans des pays fort éloignés de ceux où vivent aujourd'hui les espèces analogues : ainsi, c'est dans une des contrées les plus froides, c'est dans le nord de la Sibérie, qu'on a découvert l'éléphant mammouth, dont l'ivoire est un objet important de commerce ; et cependant les éléphans ont pour patrie actuelle la zone torride. Pour que ces anciens êtres se trouvent dans de tels pays, il faut que notre terre ait éprouvé de bien grands bouleversemens, ou que la température ait subi de bien étranges changemens.

Une chose qui, dans l'examen des fossiles, frappe agréablement un esprit religieux, c'est la concordance remarquable qu'ils présentent avec l'ordre assigné par la Genèse aux diverses époques de la création : la Genèse dit, en effet, que la terre, d'abord *aride* et *nue*, produisit, pour êtres, les *herbes* et les *arbres;* que les *animaux qui nagent dans l'eau* furent ensuite créés; puis les *animaux terrestres,* et enfin *l'homme.* Eh bien! les masses inférieures de terrain, c'est-à-dire les plus anciennes, ne renferment pas de débris de corps organisés; elles étaient donc *arides* et *nues;* puis, à mesure qu'on observe des couches de sol plus récentes, on trouve successivement des fossiles de *végétaux,* ensuite d'*animaux marins,* enfin d'*animaux terrestres;* mais on ne voit nulle part des fossiles de l'*homme.* Ces ossemens humains se rencontrent seulement et sans être pétrifiés, dans les terrains de formation moderne : ce qui prouve que c'est l'espèce qui a paru la dernière sur le globe (1).

RÈGNE VÉGÉTAL.

Ce règne, qui est comme un magnifique tapis répandu sur la terre, est surtout riche et vigoureux dans les parties équinoxiales du globe : c'est là que les fruits et les fleurs ont leurs plus vives couleurs, leurs saveurs les plus fortes, leurs odeurs les plus suaves; là, les arbres des forêts, parés d'une verdure éternelle, présentent dans leurs formes une grâce et une majesté qu'on ne trouve plus dans les régions tempérées. Mais

(1) Nos jeunes lecteurs comprennent facilement que les *six jours* de création dont on parle la *Genese* peuvent signifier *six époques.*

celles-ci se couvrent, par les soins de l'homme, d'une végétation utile : il y a de beaux champs de céréales, des coteaux revêtus de vignes, des vergers peuplés de fruits sains et agréables.

A mesure qu'on s'approche des pôles, la végétation diminue, et dans ces pays glacés la nature se montre dans une affreuse nudité. Cependant les pins, les sapins et les bouleaux s'y avancent loin encore, et les rochers déserts y sont tapissés de mousses et d'autres petites plantes.

Chaque végétal naît généralement d'une graine. De cette graine, mise dans le sol, sortent, au bout de quelque temps, deux organes qui se dirigent en sens inverse : l'un est la *racine,* qui s'enfonce dans la terre, pour y attacher fortement le végétal, et y pomper les sucs nourriciers dont il a besoin ; l'autre est la *tige,* qui s'élève, et cherche l'air et la lumière.

Cette tige devient ou une herbe, ou un arbrisseau, ou un arbre ; elle projette autour d'elle des branches et des rameaux; elle se couvre de feuilles qui servent à absorber, dans l'atmosphère, des vapeurs propres à la nourrir, et qui, en outre, l'ornent gracieusement. Mais la plus brillante parure de la plante, ce sont ses fleurs qui se présentent avec des couleurs si variées, avec des formes si agréables. Dans une fleur on remarque d'abord une enveloppe verdâtre, qui est le *calice;* puis une autre enveloppe nommée *corolle,* qui est la partie la plus éclatante et la plus belle ; enfin, dans l'intérieur de celle-ci, on voit des fils délicats terminés par un petit sac plein d'une fine poussière : ce sont les *étamines*, disposées élégamment autour d'un organe appelé *pistil*, qui s'élève au milieu de la fleur. La corolle, le calice et les étamines se fanent, se détruisent et tombent assez promptement : mais le pistil reste, et sa partie inférieure, qui est *l'ovaire*, s'accroît, se développe, et forme le *fruit*. Celui-ci renferme les *graines*, qui, par une admirable prévoyance de la nature, pourront à leur tour reproduire de nouvelles plantes. Souvent ce fruit est composé d'une chair succulente ou d'une farine nourrissante, qui devient l'un des alimens les plus précieux de l'homme.

Il faut remarquer cependant que les plantes n'ont pas toutes des fleurs; et que toutes les fleurs ne sont pas composées des quatre parties qu'on vient de voir : il en est qui n'ont pas de corolle; d'autres ont des étamines sans pistil, ou un pistil sans étamines; et ce n'est pas toujours par la graine qu'un végétal se reproduit : les racines aussi fournissent souvent des rejetons, qui constituent autant de nouvelles tiges; avec les branches on fait des marcottes, des boutures, qui enfoncées dans le sol, prennent racine, et deviennent de véritables plantes.

Maintenant que nous connaissons la composition des végétaux, parcourons ce grand jardin de la nature : allons de bosquet en bosquet, de fleur en fleur, d'un fruit à un autre; mais dans cette promenade délicieuse, conservons quelque ordre et quelque méthode : car, sans cela, la mémoire ne peut rien retenir. Notre exploration serait plus plus poétique, et peut-être plus agréable, si nous marchions au hasard, suivant le sublime désordre de la nature ; mais elle ne laisserait dans l'esprit que des traces vagues et incertaines, et les jeunes gens studieux, pour qui nous écrivons, nous pardonneront facilement d'avoir cherché avant tout à leur donner une instruction solide.

Les botanistes classent les végétaux d'une manière savante, d'après le nombre ou la position des étamines, des pistils, des pétales de la corolle, et des premières feuilles qu'on voit naître dans la plante. Nous n'effraierons pas ici la jeune intelligence de nos lecteurs par une classification aussi compliquée : il faudra cependant qu'ils retiennent deux noms assez difficiles, et dont la connaissance est indispensable : c'est celui de *phanérogames*, qui désigne toutes les plantes à fleurs distinctes; et celui de *cryptogames*, appliqué aux plantes sans fleurs ou dans lesquelles les fleurs ne sont pas visibles.

Nous diviserons donc nos plantes en *phanérogames* et en *cryptogames*, et dans chacune de ces deux grandes sections nous étudierons les principales *familles*; il existe, en effet, des groupes de diverses sortes de plantes qui se ressemblent par tant de points communs, qu'elles paraissent être les membres d'une même famille.

Plantes Phanérogames.

Au premier rang des plantes à fleurs se présente la nombreuse famille des *graminées*. Elle n'est pas brillante, elle n'éblouit point par l'éclat de sa corolle ; mais elle est éminemment utile, et offre à l'homme et aux principaux animaux domestiques leurs plus ordinaires alimens. La nature l'a répandue avec une abondance qui est une des admirables preuves de la bonté prévoyante de Dieu : on calcule que les graminées composent la moitié de toutes les plantes phanérogames. C'est aux graminées qu'appartiennent ce blé, ce seigle, cette avoine, cet orge, qui enrichissent les champs de nos régions tempérées ; ce maïs, qui nous donne ses longs et gros épis dorés, et qu'on appelle improprement *blé de Turquie*, puisqu'il est originaire d'Amérique ; enfin ce riz, qui se plaît dans les pays marécageux, et qui nourrit plus d'hommes encore que le froment et le seigle ensemble (1).

Ce sont encore des graminées, ces herbes des prés et des gazons, où nos bestiaux trouvent une riche pâture, et qui étalent gracieusement à nos regards leurs tapis d'une verdure si gaie.

La canne à sucre est une espèce de graminée, d'un port noble et grand, et qui ne réussit que

(1) On donne le nom général de *céréales* à toutes les graminées dont la graine produit une farine nourrissante.

dans les pays chauds; elle présente une tige haute de 8 à 12 pieds, et remarquable par ses larges feuilles, par ses fleurs élégamment étalées au sommet de la plante. Originaire de l'Asie, elle fut introduite, au moyen âge, dans les îles de la Méditerranée, dans l'Espagne et dans l'Italie; des plans furent ensuite portés aux îles Madère et Canaries; et ce fut de celles-ci que le précieux végétal passa, en 1506, à Saint-Domingue: il y prospéra admirablement, et se répandit bientôt dans une grande partie de la région équinoxiale de l'Amérique. C'est dans la tige qu'existe la matière sucrée qu'on extrait.

Les roseaux, qui croissent dans les lieux marécageux, sont aussi des graminées : on en fait souvent des nattes, des paillassons, des fonds de chaises, et l'on en couvre les toits dans quelques pays.

La plante la plus grande de cette riche famille est le bambou, qui s'élève majestueusement à une hauteur de 50 ou 60 pieds, et qui forme d'épais taillis dans les régions équatoriales de l'Asie et de l'Océanie; là, il est employé à toutes sortes d'usages : on fait de son bois divers meubles et ustensiles de ménage; on en construit des bateaux, des maisons entières; les jeunes pousses offrent une substance spongieuse, succulente et sucrée, et on les mange dans l'Inde, comme chez nous les asperges. Le commerce apporte un grand nombre de petits bambous dans nos contrées, où ils sont transformés en cannes, en tiges d'ombrelles, etc.

Enfin le papier de Chine se fait avec l'écorce de ce précieux végétal.

C'est avec une plante qui ressemble beaucoup aux graminées, et nommée *papyrus*, que les anciens fabriquaient leur papier. Elle croît en abondance dans les marécages de l'Égypte et de l'Abyssinie.

La famille des *pipéritées*, particulière aux régions les plus chaudes, n'a de remarquable que le poivrier ou piper, arbrisseau grimpant comme la vigne, et qui porte des grappes composées chacune d'une vingtaine de grains : ces grains durcis sont ce qu'on appelle le poivre, épice âcre et brûlante, qui donne lieu à un commerce immense, bien que l'usage n'en soit pas fort nécessaire. Le bêtel est une sorte de poivrier dont les Hindous et les Malais se plaisent à mâcher les feuilles.

Les *palmiers*, qui habitent aussi les contrées chaudes, forment à eux seuls une famille, et peut-être la plus noble, la plus majestueuse de toutes. Leur tige, droite et élancée comme une colonne, s'élève, dans quelques pays, jusqu'à 150 et 200 pieds, et elle se couronne d'un magnifique panache de feuilles toujours vertes. Ces feuilles ressemblent tantôt à des plumes immenses, tantôt à des éventails. Les fruits sont disposés en grappes énormes appelées *régimes*, et contiennent presque toujours un aliment délicieux. Le roi des palmiers est sans doute le cocotier, qui orne les plages de toute la zone équinoxiale ; son fruit, nommé *coco*, est un peu allongé, triangulaire, et de la grosseur d'un petit melon; il a une écorce lisse, qui cache un brou filandreux : celui-ci recouvre un noyau ovale, fort dur, creusé de trois trous vers l'une de ses extrémités. On trouve attachée à ce noyau, dans l'intérieur, une chair très-blanche et d'un goût suave. Enfin, le milieu même de la noix contient une liqueur rafraîchissante et laiteuse, fort agréable à boire quand le fruit est jeune et frais. Mais le cocotier n'est pas seulement utile pour l'aliment qu'il fournit : son bois est assez dur, assez solide pour entrer dans les constructions; ses feuilles servent à couvrir les maisons; avec les fibres qui enveloppent la noix on prépare une filasse propre aux cordages, on fait avec la coque des vases et de petits ustensiles; la chair donne une huile assez bonne; la sève, mise à fermenter, forme une excellente liqueur, le *vin de cocotier*, qu'on peut distiller ensuite pour en faire de l'eau-de-vie. — Le dattier ressemble assez au cocotier; mais ses fruits sont beaucoup moins gros et se nomment *dattes* : ils sont charnus et sucrés, et nourrissent beaucoup de monde dans le nord de l'Afrique et en Arabie. On trouve des dattiers jusque dans le midi de l'Europe, même en Provence.

L'arec est une autre espèce de palmier. Le bourgeon des jeunes feuilles qui couronnent l'arbre est un mets fort recherché sous le nom de *chou-palmiste* : il a le goût de l'artichaut; mais, après qu'on l'a coupé, l'arbre dépérit à vue d'œil et meurt bientôt. — Le rotang ou rotin est encore un palmier; il fournit ces cannes si légères, si flexibles et en même temps si solides, qu'on emploie sous le nom de *joncs*, *jets* ou *cannes de roseau* ; il donne aussi ces autres espèces de cannes dont on se sert comme de fouet pour battre les habits; on en fait, dans l'Inde, des cordages et des nattes, et, chez nous, des siéges, des corbeilles, etc. — Il existe en Afrique une sorte de palmier nommée *chi*, qui donne une matière semblable au beurre. — Les palmiers céroxiles, dans l'Amérique méridionale, laissent exsuder de leur tige une cire abondante, propre à l'éclairage; ils paraissent être les plus hauts de tous. — Mais le plus beau par ses feuilles est le corypha, qui ombrage surtout les côtes de Malabar et de Ceylan. Les Indiens se servent de ces feuilles pour faire des tentes et des parapluies : une seule peut couvrir quinze ou vingt hommes.

La famille des *liliacées* renferme un grand nombre de plantes remarquables par l'élégance de leur port, la beauté et le parfum de leurs fleurs. On y trouve le lis, à la fois si majestueux et si odorant ; — la tulipe, qui étonne par l'inépuisable variété de ses couleurs, et dont on fait en Hollande un commerce considérable; — la jacinthe et la tubéreuse, délicieusement parfumées; — le phormium, qui croît à la Nouvelle-Zélande, et dont les longues feuilles fournissent une filasse très-fine, propre à la fabrication es étoffes; — les aloès, qui viennent sur les rochers des pays chauds, et au milieu des sables arides et brûlans : leurs feuilles, épaisses et charnues, sont tantôt couvertes de verrues, tantôt parsemées de taches ou d'épines, et leur apparence bizarre a fait donner à plusieurs d'entre eux des noms fort singuliers, tels que ceux d'aloès corne de bélier, aloès perroquet, aloès araignée. — C'est dans cette famille que se trouve l'ail, moins agréable que la plupart des autres liliacées, mais plus utile. Il faut remarquer que l'ognon, le poireau, l'échalotte, ne sont que des espèces d'ail.

La famille des *asparaginées* tire son nom de l'asperge, intéressante par l'aliment que fournissent ses jeunes pousses de chaque année. — Elle comprend aussi le muguet, d'une apparence si modeste, mais d'une odeur si suave; — l'igname, plante sarmenteuse et grimpante, qui croît en abondance dans les pays équinoxiaux, où sa racine, assez semblable pour le goût à la pomme de terre, est un aliment très-répandu.

On est surpris de voir dans la même famille que ces humbles plantes, le dragonier gigantesque, arbre énorme de l'Afrique et de l'Asie. Des fentes que la chaleur fait ouvrir dans son tronc découle une résine rouge, employée en médecine sous le nom de *sang de dragon*.

La famille des *narcissées* a beaucoup de rapport avec les liliacées, elle se distingue comme celles-ci par l'élégance du port, par la beauté et le parfum des fleurs. Le narcisse de poète ou la jannette, la jonquille, l'amaryllis, sont des narcissées fort communes dans nos jardins. — L'agavé, originaire des régions chaudes de l'Amérique, est la plante la plus utile de cette famille : ses fibres, très-abondantes, servent à fabriquer des tissus et des cordages ; ses épines font, au Mexique, des aiguilles et des clous; ses feuilles, épaisses, solides, et creusées en gouttières, peuvent couvrir les maisons, et du point où elles ont été arrachées découle long-temps une liqueur douce et sucrée.

La famille des *broméliacées* n'a pas un grand nombre de plantes remarquables, et sans doute ce nom est encore inconnu de nos jeunes lecteurs; mais ils le retiendront facilement lorsqu'ils sauront que le délicieux ananas est une broméliacée. Le fruit de l'ananas est allongé comme une pomme de pin, et couronné par un élégant bouquet de feuilles; sa couleur est celle du citron et de l'orange, et il a tout à la fois le goût du melon et de l'abricot. On le cultive dans nos serres d'Europe, mais il est indigène des parties les plus chaudes de l'Amérique.

La famille des *iridées* tire son nom de l'iris, remarquable par ses fleurs charmantes, sur lesquelles se marient les plus riches couleurs. — Le safran, dont le pistil fournit à la teinture la matière d'un jaune rougeâtre, est encore une iridée.

La famille des *bananicrs* est une des plus admirables richesses des régions équinoxiales. Le bananier a des feuilles d'une prodigieuse étendue, et porte d'énormes régimes de fruits appelés bananes: souvent une seule de ces grappes est composée de plus de cent bananes, et elle peut faire la charge d'un homme. C'est une nourriture excellente, et bien précieuse pour les habitans d'une foule de contrées; mais ce n'est pas là le seul avantage du bananier : ses feuilles servent à faire des vases; les Indiens en couvrent leurs cabanes, et ils tirent une sorte de fil de la tige desséchée. Malheureusement cet utile végétal ne vit pas long-temps : quoique d'une taille élevée, il n'a que la consistance d'une herbe, et il meurt au bout de neuf ou dix mois, dès qu'il a donné des fruits.

La famille des *balisiers* ressemble beaucoup au bananier, et croît à peu près dans les mêmes contrées. On y remarque la canne d'Inde, usitée en médecine; — le gingembre dont la racine, réduite en poudre, sert aussi dans la médecine, et s'emploie dans l'Inde comme aliment et comme assaisonnement; — le cardamome, dont la graine est un aromate très-recherché dans le midi de l'Asie; — le maranta, dont la racine fournit la belle fécule d'arow-root, fort estimée comme aliment.

La famille des *orchidées*, assez commune dans nos bois et dans nos cantons humides, renferme, en Amérique, la vanille, qui grimpe et s'entrelace autour du tronc des grands arbres; tout le monde connaît l'aromate précieux que contient son fruit.

Les plantes de la famille des *aristoloches* s'entrelacent aussi généralement autour des autres végétaux, et, dans nos jardins, on en fait de jolis berceaux. Elles se distinguent par leurs larges et belles feuilles, et par leurs grandes fleurs en entonnoir ; dans certaines régions, ces fleurs atteignent trois ou quatre pieds de circonférence.

La famille des *daphnés* se plaît dans les lieux arides et chauds : l'écorce d'un daphné nommé *garou* fournit une matière âcre et amère, propre à déterminer sur la peau une inflammatiou et des ampoules : aussi s'en sert-on pour les vésicatoires. Il est un autre daphné fort curieux, appelé *laget* ou *bois dentelle*, et qui croît aux Antilles : son écorce intérieure, formée de fils entrelacés, offre une ressemblance frappante avec la gaze et la dentelle, et l'on en fait des garnitures, des manchettes, des vêtemens entiers.

La famille des *lauriers*, une des plus belles et des plus élégantes, se reconnaît facilement à ses feuilles lisses et luisantes. L'espèce la plus commune en Europe, mais seulement dans le midi, est le laurier noble ou d'Apollon, qui a été adopté chez la plupart des peuples comme le symbole de la gloire et du génie. — Les autres lauriers remarquables sont le cannelier, originaire du midi de l'Asie, et dont l'écorce est la cannelle ; — le camphrier, qui croît surtout dans l'ouest de l'Océanie et du Japon, et dont on extrait cette résine blanche et fort odorante, appelée *camphre* ; — le muscadier qu'on trouve surtout aux Moluques, et qui porte le grain aromatique nommé *muscade*.

La famille des *polygonées* est une de celles qui cachent, sous une apparence peu brillante, de précieuses qualités : on y trouve le blé noir ou sarrasin, qui venu d'Asie, est aujourd'hui cultivé dans nos cantons les plus pauvres ; ses fleurs couvrent d'un gai tapis blanc, à la fin de l'été, les campagnes déjà dépouillées de leurs blés et de leurs seigles ; son grain noir à l'extérieur, contient une farine fort blanche, dont on fait des gaufres et d'autres mets. — L'utile oseille est encore une polygonée, de même que la rhubarbe, qui est originaire du plateau central de l'Asie, et qui offre dans ses racines un purgatif renommé.

La famille des *chénopodées* renferme, sous ce nom bien scientifique, des plantes fort communes et fort modestes : c'est, par exemple, la bette-poirée, remarquable par ses grandes feuilles luisantes et douces ; — c'est la betterave, dont les racines donnent un sucre abondant, et deviennent ainsi l'objet d'une immense industrie. — L'épinard y est aussi compris : — et l'on y trouve encore la plante nommée *soude*, dont les cendres fournissent une matière du même nom, fort employée dans les arts.

La famille des *amaranthes* est souvent l'ornement des jardins : tantôt les fleurs sont réunies en longues grappes d'un rouge cramoisi, et alors la plante s'appelle amaranthe queue-de-renard ; tantôt elles forment des âmas qu'on prendrait pour des crêtes de coq ou pour des morceaux de velours épais : c'est ce qu'on remarque dans l'amaranthe crête-de-coq.

La famille des *personnées* doit ce nom à la forme de ses fleurs, qui représentent assez bien un masque (1). La plus belle plante de cette famille est sans doute la digitale, remarquable par le magnifique épi de ses nombreuses fleurs purpurines et pendantes, toutes tournées d'un même côté.

La famille des *acanthes*, qu'on trouve dans le midi de l'Europe, se reconnaît à ses belles et larges feuilles : l'élégance de ces feuilles en a fait adopter la forme dans l'architecture pour décorer les chapiteaux de l'ordre corinthien.

La famille des *jasminées* est à la fois une des plus belles et des plus utiles. Qui ne connaît le jasmin et le lilas, parure élégante et parfumée des jardins ? — Mais l'arbre le plus précieux de cette famille est l'olivier, dont le fruit nommé olive, est un aliment agréable et surtout donne une huile excellente : il se trouve dans toutes les contrées qui environnent la Méditerranée. — Le frêne est un bel arbre qui appartient aux jasminées, son bois est agréablement veiné, et s'emploie dans la

(1) En latin, *masque* se dit *persona*.

menuiserie et la charpente; le suc purgatif nommé *manne* découle d'une sorte de frêne commun en Italie.

Les *labiées* sont une famille qu'on rencontre à chaque pas, et qui se reconnaît à ses jolies petites fleurs partagées en deux lèvres, et aux odeurs fortes mais agréables qu'elle répand. On y distingue la sauge, si utile en médecine;—le romarin, dont l'huile entre sdans la composition de l'eau de Cologne; — la lavande, avec laquelle on fait l'eau de lavande et l'huile d'aspic; — la menthe, souvent employée en médecine; — le thym, le serpolet, dont les abeilles viennent avidement prendre le suc pour composer leur miel.

Une famille bien différente de celle-là par son aspect triste et sombre, par son odeur désagréable et par ses sucs généralement dangereux, c'est celle des *solanées*. C'est dans cette famille cependant que se trouve l'utile pomme de terre : elle est originaire de l'Amérique méridionale, d'où elle fut apportée en Europe vers la fin du XVIe siècle. L'Italie, l'Angleterre, l'Irlande et la Hollande la possédèrent avant la France, où d'abord elle fut l'objet de préjugés bizarres : on prétendait qu'elle engendrait la lèpre et diverses autres maladies; elle était abandonnée aux seuls animaux. Parmentier démontra qu'elle pouvait être aussi pour l'homme un aliment excellent; afin de frapper les esprits par une expérience en grand, ce philanthrope fit ensemencer de pommes de terre un vaste terrain de la plaine des Sablons, jusque-là condamné à une stérilité absolue ; sa confiance fut traitée de folie; mais les plants vinrent parfaitement. Quand les fleurs parurent, Parmentier en composa un bouquet et alla solennellement en faire hommage à Louis XVI, qui avait favorisé son entreprise. Le roi accepta les fleurs nouvelles avec empressement, et en para sa boutonnière. Dès lors la pomme de terre conquit les suffrages de tout le monde. On a proposé de remplacer son nom, assez impropre, par celui de *parmentière*: on l'appelle aussi morelle tubéreuse, et quelquefois patate.

Il existe une solanée singulière qui porte des fruits d'un blanc luisant, absolument semblables à des œufs de poule : on la nommé *mélongène pondeuse.* — La tomate, ou pomme d'amour, dont on mange les fruits rouges, appartient à la même famille. — On y trouve aussi la belladone, qui porte des fruits vénéneux, mais assez semblables à la cerise. Les personnes qui, séduites par cette apparence, mangent de ces fruits dangereux, éprouvent, dit-on, une ivresse complète, à laquelle succèdent des convulsions et la mort la plus déchirante; cependant les dames italiennes se servent impunément du suc des feuilles pour se blanchir la peau, et elles emploient une espèce de fard obtenu par l'expression du fruit; c'est de cet emploi dans la toilette que paraît dériver le nom de belladone, qui signifie *belle dame;* on prétend aussi qu'il vient de ce qu'une dame italienne se servit de ce poison contre son mari.

Mais une solanée bien plus célèbre, c'est le tabac, appelé encore *nicotiane*, parce que Nicot, ambassadeur de France à la cour de Portugal, fut le premier qui fit connaître dans notre pays cette plante originaire de l'Amérique : il en adressa une petite provision à Catherine de Médicis, en 1559, et le tabac porta quelque temps en France le nom de *poudre de la reine*. L'usage en devint une fureur; cependant ceux qui commencèrent à se l'insinuer dans les narines furent long-temps l'objet de mains quolibets; on les persécuta même : Jacques Ier, roi d'Angleterre, écrivit un livre contre cet usage; le pape Urbain VIII lança une excommunication contre les priseurs; le grand-seigneur et d'autres souverains de l'Orient proscrivirent le tabac, sous peine d'avoir le nez coupé et même d'être mis à mort. Il résista à ces persécutions, et aujourd'hui il est cultivé presque partout, mais sous l'autorisation des gouvernemens, pour lesquels il est la matière d'un impôt considérable.

Non-seulement on respire le tabac en poudre, mais on le mâche, on en aspire la fumée. Néanmoins la raison ne justifie guère l'usage prodigieux qu'on en fait; il est doué de propriétés extrêmement malfaisantes, et l'on a des exemples de mort causée par une trop grande quantité de fumée de tabac aspirée par le nez; on cite de nombreux cas de vertiges, de cécités, de paralysies, dus à l'usage immodéré de cette substance; le poète Santeul périt dans d'horribles douleurs, après avoir bu un verre de vin dans lequel on avait jeté du tabac d'Espagne; enfin, voyez dans les manufactures de tabac quelle est la maigreur des ouvriers, combien leur teint est hâve et maladif. La médecine seule devrait employer ce végétal, parce qu'elle sait régler d'une manière utile l'emploi des poisons même les plus terribles. « Qui aurait pu soupçonner, dit le botaniste Poiret, que la découverte dans le Nouveau-Monde d'une plante vireuse, nauséabonde, d'une saveur âcre et brûlante, d'une odeur repoussante, ne s'annonçant que par des propriétés délétères, aurait eu une si grande influence sur l'état social de toutes les nations; qu'elle serait devenue l'objet d'un commerce très-étendu; que sa culture se serait répandue avec plus de rapidité que celle des plantes les plus utiles, et qu'elle aurait fourni aux plus grandes puissances de l'Europe la base d'un impôt très-productif? Quels sont donc les grands avantages que le tabac a pu offrir à l'homme, pour qu'il soit devenu d'un usage aussi général que nous le voyons aujourd'hui? Rien autre que celui d'irriter les membranes de l'odorat et du goût, dans lesquelles il détermine une augmentation de vitalité agréable à ceux dont les sensations sont rendues inertes par la vie inactive, par l'oisiveté. »

Je me suis étendu au sujet du tabac, non assurément par amour pour cette plante, mais afin d'éloigner mes lecteurs d'un usage peu noble, qui se transforme si facilement en un besoin impérieux, en une habitude indestructible, et souvent fort désagréable pour ceux avec qui on est appelé à vivre.

La famille des *liserons* contient des végétaux grimpants et qui s'entrelacent gracieusement autour des corps qu'ils rencontrent. Nos haies sont remplies de liserons ordinaires; dans nos jardins, nous faisons des berceaux, nous garnissons des murs et des treillages, avec le volubilis. Dans les pays chauds, cette famille possède la patate douce, ou batate, dont les racines, assez semblables à de longues pommes de terre, sont un aliment précieux; elle comprend aussi le jalap, plante mexicaine, dont la racine est un purgatif célèbre.

La famille des *bignoniées* se recommande par le bel arbre nommé *catalpa*, originaire des pays chauds, mais acclimaté aujourd'hui dans nos jardins. Ses feuilles larges et légères, ses belles fleurs blanches, marquetées de points pourpres, offrent l'aspect le plus agréable.

La famille des *apocynées* est fort répandue dans nos parterres; quoiqu'elle ait généralement pour patrie les pays plus méridionaux. L'apocyn gobe-mouche est curieux par sa singulière propriété : ses fleurs, disposées en agréables bouquets roses et blancs, renferment au fond de leur corolle, un suc mielleux ; les mouches y insinuent leur trompe, qui s'y gonfle et s'y trouve retenue. — La pervenche, aux tiges rampantes, aux jolies fleurs bleues, est aussi une apocynée ; de même que le laurier-rose, si agréable par ses fleurs et par ses feuilles luisantes et d'un beau vert, mais rempli d'un dangereux poison.

Une apocynée bien plus redoutable encore par ses sucs véneneux, qui donnent immédiatement la mort, c'est le strychnos-tchettik, arbre de Java et de quelques îles voisines : les naturels s'en servent pour empoisonner leurs flèches. — Une autre, nommée *asclépiade* de Syrie, se distingue, au contraire, par ses propriétés utiles : ses gousses renferment une aigrette douce et soyeuse, qui tient de la soie et du coton, et qu'on emploie pour ouater les vêtemens, garnir les matelas, les coussins, les meubles, pour fabriquer des couvertures, etc. ; de ses tiges on extrait une filasse qui se convertit en toile très-fine; enfin ses graines donnent une huile excellente.

La famille des *sapotées* habite dans l'Amérique : on y remarque le sapotillier, arbre assez semblable à un grand poirier, et qui porte un fruit délicieux ; la sapote, dont la chair est d'un rouge foncé ; on y trouve aussi l'arbre de la vache, qui croît dans les Andes, et qui donne un excellent suc laiteux, analogue au lait de vache.

La famille des *ébénacées* ne se rencontre que dans les pays chauds. Un de ses arbres les plus intéressans est l'ébénier, dont le cœur est d'un beau noir et porte le nom de bois d'ébène; on en fabrique des meubles charmans, et c'est à cause de cette plante qu'on a donné le nom d'*ébénisterie* à la partie de la menuiserie qui concerne les meubles.

Une des familles qu'on estime le plus pour l'élégance du port, des feuilles et des fleurs, c'est celle des *éricinées* ou *bruyères* : « Tous ces jolis végétaux, a dit un botaniste distingué (1), sont remarquables par leur verdure persistante, par leur végétation continuelle, par le nombre, la gentillesse, la singularité, la disposition et la couleur de leur fleur, qui est tantôt d'un vert herbacé, blanche, violette, lilas, tantôt jaune, aurore, rouge, ponceau écarlate, et qui n'arrive à cette ouleur qu'après avoir passé par toutes les teintes. Les fleurs sont sphériques, en grelot, en cloches, en massue, depuis la grosseur de la tête d'une épingle, jusqu'à celle d'un fort pois-chiche, ou bien elles simulent un carquois, une fiole, une trompette, ou se prolongent en tubes cylindriques.» Les bruyères ne sont pas des herbes, mais de petits arbrisseaux; elles se plaisent dans les terres maigres et arides, et nos landes en sont couvertes. On méprise ces bruyères communes, ou bien on les emploie à faire des balais, des vergettes, etc. Mais les plus belles, qui viennent particulièrement

(1) M. Thiébaut de Berneaud.

d'Afrique, et surtout du cap de Bonne-Espérance, sont l'objet d'une attention toute respectueuse de la part des horticulteurs.

La famille des *rosages* a pour plante principale le rhododendron, arbrisseau toujours vert, d'un port élégant, et dont les fleurs jaunes ou rouges sont un des ornemens les plus gracieux des jardins

Celle des *campanulacées* tire son nom de la campanule, jolie plante qui doit elle-même le sien à la forme de clochette qu'affecte sa fleur (1). La raiponce, qu'on mange si souvent en salade, n'est qu'une campanule. Il y en a une autre, surnommée gantelée, qui fut célèbre au moyen âge par l'usage barbare auquel elle présidait ; un bouquet de campanule gantelée, porté au bout d'un bâton, servait de garantie à celui qui, muni de cet insigne, et l'élevant en l'air, injuriait les personnes qu'il voulait attaquer, et on les assommait alors légitimement. Des massacres affreux ont été ainsi commis dans beaucoup de parties de la France.

La famille des *composées* est immense : elle tire son nom de la disposition de ses fleurs, tellement rapprochées que leur assemblage paraît n'en former qu'une seule. Ainsi, au premier abord, il semble que cette belle roue jaune du soleil n'est qu'une fleur : eh bien ! elle en contient des milliers, qui ont chacune leur calice, leur corolle, leurs étamines, leur pistil.

(1) En latin et en Italien, *campana* signifie *cloche*.

Que de plantes utiles renferment les composées ! C'est la chicorée, la laitue, dont nous mangeons les feuilles; — c'est le salsifis, dont les racines nous offrent un excellent aliment; — l'artichaut, qui nous donne un mets fort estimé dans une partie de sa fleur non encore développée; — l'absinthe, d'un usage très-répandu dans l'économie domestique et la médecine. — Mais, à côté de tous ces intéressans végétaux, il faut placer l'importun et désagréable chardon.

Parmi les plus jolies composées on remarque le bleuet qui se plaît au milieu des céréales; — la pâquerette ou petite marguerite, si répandue dans les champs et dans les prés; — la reine marguerite originaire de la Chine, mais aujourd'hui cultivée dans tous nos jardins; — les immortelles, qui ont mérité ce nom par la durée de leurs fleurs; — les dahlias, parés de si brillantes couleurs, et qui ont le Mexique pour patrie; — les soleils ou tournesols qui viennent du Pérou, et que, malgré leur beauté, on admire peu, parce qu'ils sont très-communs.

Les *dipsacées* forment une famille assez semblable à la précédente, et par leur port et par l'apparence générale de leurs fleurs. Il existe cependant quelques différences que les botanistes savent très-bien reconnaître, mais que nous ne voulons pas entreprendre d'expliquer ici. Une des plantes les plus utiles de cette famille est la cardère à foulon, qu'on appelle aussi chardon bonnetier : les piquans dont ses têtes sont hérissées, quand la fleur est passée, servent aux bonnetiers et aux fabricans d'étoffes de laine, pour peigner leurs tissus et en tirer les poils. — La scabieuse, ou la fleur de veuve, a des fleurs tristes, mais belles cependant, et d'une agréable odeur de miel.

La grande famille des *rubiacées* est une de celles qui fournissent le plus de secours à la médecine, aux arts et à l'alimentation de l'homme.

Nommons d'abord la garance ou rubia, dont la racine donne une excellente couleur rouge, propre surtout à teindre les laines; il y en a de très-grandes cultures dans les départemens du Bas-Rhin, de Vaucluse et du Nord. C'est dans cette famille que se trouve le quinquina, arbre de l'Amérique méridionale, dont l'écorce est un excellent fébrifuge, il y en a de blanc, d'orangé, de gris et de rouge : les quinquinas les plus estimés sont ces deux dernières sortes qui croissent dans la Colombie. — Ce sont aussi deux espèces de plantes de la même famille qui donnent le purgatif célèbre nommé ipécacuanha. — Mais la plus fameuse des rubiacées est le caféyer ou cafier. C'est un élégant arbrisseau, dont la tige droite et très-fournie de branches et de rameaux, est constamment couverte de feuilles d'un beau vert luisant; ses jolis bouquets de fleurs blanches répandent une odeur suave; son fruit, de la couleur et de la grosseur des cerises bigarreaux, contient, au lieu de noyau, deux petites graines; celles-ci sont ce précieux produit, nommé café, dont il se fait une si grande consommation. Le café agit puissamment sur les facultés intellectuelles, il récrée le cerveau, il chasse la tristesse et l'engourdissement des sens : il aiguise l'esprit. Originaire de l'orient de l'Afrique, cet arbrisseau fut porté de bonne heure dans l'Yémen, en Arabie : c'est là, dit-on, que ses propriétés furent découvertes par le chef d'un monastère religieux, qui ayant remarqué que les chèvres qui en mangeaient étaient extrêmement vives et gaies, résolut de s'en servir pour réveiller ses derviches, qui se livraient au sommeil pendant les offices de la nuit. Les Hollandais en prirent dans ce pays quelques pieds qu'ils introduisirent à Batavia, dans l'île de Java ; on en décora ensuite les serres d'Amsterdam ; en 1714, on en apporta au Jardin des Plantes de Paris ; et ce fut là qu'en 1720 Déclieux en choisit un pied qu'il alla planter à la Martinique : de là, la culture du caféyer se propagea avec le plus grand succès dans toutes les Antilles et dans d'autres parties de l'Amérique.

Plusieurs poètes ont célébré le café : nous citerons ici l'éloge charmant qu'en fait Berchoux.

Le café vous présente une heureuse liqueur
Qui d'un vin trop fumeux chassera la vapeur ;
Vous obtiendrez par elle, en désertant la table,
Un esprit plus ouvert, un sang-froid plus aimable,
On dit que du poète elle sert le génie ;
Que plus d'un froid rimeur, quelquefois réchauffé,
A dû de meilleurs vers au parfum du café ;
Il peut du philosophe égayer les systèmes,

Rendre aimables, badins, les géomètres mêmes;
Par lui l'homme d'état, dispos après dîner,
Forme l'heureux projet de nous mieux gouverner.
Il déride le front de ce savant austère,
Amoureux de la langue et du pays d'Homère,
Qui, fondant sur le grec sa gloire et ses succès,
Se dédommage ainsi d'être un sot en français.
Il peut, de l'astronome éclaircissant la vue,
L'aider à retrouver son étoile perdue.
Au nouvelliste enfin il révèle parfois
Les intrigues des cours et les secrets des rois,
L'aide à rêver la paix, l'armistice, la guerre,
Et lui fait, pour six sous, bouleverser la terre.

La famille des *chèvrefeuilles* ne contient pas seulement le joli arbrisseau de ce nom, qui grimpe et s'enroule autour des objets voisins, et répand, par ses fleurs, un parfum agréable : elle renferme encore le sureau, employé en médecine comme sudorifique, c'est-à-dire pour faire suer; — le cornouiller, utile surtout par son bois extrêmement dur; — le gui, singulier végétal, qui vit en parasite sur les arbres; il s'implante dans leur écorce, et il se nourrit de leur sève : on le trouve abondamment sur les pommiers, les poiriers, les oliviers, les amandiers, les pruniers, etc. Il est très-rare sur les chênes, et c'est sans doute pourquoi celui qu'on rencontrait sur cet arbre était si vénéré chez les Gaulois; les druides parcouraient, armés d'une serpe d'or, les bois et les forêts, pour y découvrir ce gui sacré, qui devenait entre leurs mains une panacée universelle; on le portait suspendu au cou; on en appendait des branches sur le seuil des habitations, on en couvrait les murs des temples. Plusieurs contrées de la France conservent encore quelques traces des anciennes cérémonies dans lesquelles le gui jouait le rôle principal, surtout au renouvellement de l'année. Dans l'Orléanais, par exemple, les enfans et les domestiques disent à leurs parens, à leurs maîtres, à chaque nouvelle année : *Salut à l'an neuf, donnez-moi ma gui l'an neuf.*

C'est dans la même famille que sont compris les palétuviers et les mangliers, végétaux touffus, qui croissent dans les régions chaudes, basses et humides, et dont les rameaux inférieurs, tombant sur le sol, forment d'impénétrables buissons.

La famille des *araliacées* a peu de plantes; la plus célèbre est le ginseng, considéré, dans l'empire chinois et au Japon, comme une panacée universelle.

Une famille bien plus importante pour nous, ce sont les *ombellifères*, qui peuplent partout nos champs et nos jardins. Leurs fleurs forment ce qu'on appelle des *ombelles*, c'est-à-dire que les petites branches qui les supportent partent d'un même point, et arrivent en s'écartant à la même hauteur, comme les rayons qui soutiennent une ombrelle. Parmi les plantes utiles de cette famille, il faut distinguer l'anis, le fenouil, la coriandre, employés en médecine et dans les arts du confiseur et du distillateur; —l'angélique, qui exhale un parfum délicieux, et avec les tiges de laquelle on prépare une conserve agréable et fort bonne pour l'estomac ; — le persil, le céleri, le cerfeuil, la carotte et le panais, d'un usage si ordinaire dans la cuisine. — Mais à côté de tant de végétaux précieux, il est fâcheux de trouver la dangereuse ciguë, qui contient un poison actif. Ce fut ce poison qui fit périr Socrate. Quelquefois on l'a malheureusement confondue avec le persil et le cerfeuil, auxquels elle ressemble beaucoup ; il faut, pour la distinguer, se souvenir qu'elle a des fleurs très-blanches, une tige fort lisse, une odeur vireuse et nauséabonde, bien différente de l'odeur agréable de ces deux autres plantes.

Il est une ombellifère qui a acquis une certaine célébrité dans l'histoire de l'éducation : c'est celle qu'on appelle *férule ;* les maîtres d'école en faisaient jadis usage pour frapper leurs disciples. Aujourd'hui encore, on donne, par extension, le nom de férule à un instrument de cuir dont se servent envers leurs écoliers certains pédagogues stupides, qui ne voient pas combien les châtimens corporels sont contraires à un enseignement raisonnable. Une espèce de férule, celle de Perse, fournit, par sa racine, la gomme-résine médicinale appelée *assa-fetida ;* l'odeur en est nauséabonde, fétide, et extrêmement désagréable pour les Européens; les Orientaux, au contraire, y trouvent beaucoup d'agrément ; ils mettent de cette substance dans presque tous leurs alimens, et la nomment *délice des dieux.*

La famille des *renonculacées* est une des plus belles fleurs, mais aussi l'une des plus dangereuses : les renoncules plaisent par leurs jolies fleurs jaunes; les aconits, par leurs fleurs bleues en forme de casque; mais les unes et les autres contiennent des sucs vénéneux. — Les adonis, les nigelles, les ancolies; les dauphinelles ou pieds d'alouette, les pivoines, les anémones, surtout, sont de gracieux ornemens de nos jardins. — L'ellébore, qui jouait un grand rôle chez les anciens pour la guérison de la folie, est une renonculacée.

La famille des *papavéracées* a pour plante principale le pavot; les graines de ce végétal, cultivé en grand dans plusieurs pays, donnent l'huile d'œillette ou oliette; son suc laiteux et blanchâtre, mais qui devient noir au bout de quelque temps, fournit l'opium. C'est particulièrement des pavots de l'Asie Mineure et de la Perse qu'on retire cette matière, d'un usage général parmi les Orientaux. Elle remplace chez eux les liqueurs spiritueuses proscrites par la loi de Mahomet; souvent ils la fument en la mêlant au tabac. Pris à petite dose, l'opium excite la gaîté et plonge dans une douce ivresse; en plus grande quantité, il détermine l'assoupissement, le délire, les convulsions et une léthargie mortelle.

La nombreuse et très-utile famille des *crucifères* tire son nom de ce que la corolle y est disposée en croix (1). On y trouve le chou, qui est une des plantes potagères les plus importantes ; — la rave, le navet, le radis et la petite rave, dont on mange la racine ; — le colza, dont les graines fournissent une huile usitée surtout pour l'éclairage ; — le cresson, qui se plaît dans les lieux humides ; la moutarde, dont les graines sont employées à faire un assaisonnement fort connu.

Le pastel ou guède est une crucifère intéressante par la belle couleur bleue qu'elle fournit ; on en cultive dans le midi de la France.

Que de plantes d'ornement nous offre aussi cette riche famille ! Qui ne connaît la giroflée, la julienne, l'alysson, qui ressemble à une jolie corbeille d'or ; le thlaspi, qui ressemble à une corbeille blanche !

La famille des *résédacées* est bien petite et bien humble auprès de celle dont nous venons de parler. Cependant tout le monde apprécie l'odeur suave du réséda ; et il faut encore plus estimer la gaude, dont on tire une belle couleur jaune.

Les cinq ou six familles qui précèdent ne contiennent que des herbes : celle des *acérinées,* au contraire, renferme de grands et magnifiques arbres : tel est le marronnier d'Inde, qui charme la vue par la majesté de son port, et par ses superbes pyramides de fleurs blanches. Tel est aussi

(1) *Crucifère* veut dire *qui porte une croix.*

l'érable, dont on fait des avenues bien ombragées. Dans l'Amérique septentrionale, on retire un excellent sucre de la sève de certains érables.

La famille des *guttifères* n'a que des végétaux qui croissent loin de nous : un des plus célèbres est le cambogie ou guttier, qui vient dans le sud-est de l'Asie, et donne la gomme-gutte, dont on fait usage en médecine et en peinture. Le mangoustan, assez semblable à cet arbre, porte un fruit délicieux, qui tient, pour le goût, de la fraise, de l'orange et de la cerise.

La famille des *hespéridées* tire son nom du fabuleux jardin des Hespérides, que la poésie antique peuplait de ces végétaux précieux. Elle est originaire des parties chaudes de l'Ancien Monde ; mais, transportée depuis long-temps en Amérique, elle y a prospéré comme dans sa propre patrie, et s'y est multipliée en épaisses forêts. Tout plaît dans les hespéridées : leur port est noble ; leurs feuilles aromatiques et toujours vertes forment des touffes élégantes ; leurs fleurs répandent le plus délicieux parfum. Les principaux végétaux de cette famille sont : le citronnier, dont les fruits se nomment citrons ; — le cédratier, dont les fruits appelés cédrats, atteignent quelquefois un poids de 25 à trente livres ; — le limonier, arbre majestueux, qui porte les limons ; — le pompel-mousse, vulgairement le pampel-mousse, dont les fleurs sont très-larges ; — enfin l'oranger, la plus précieuse de toutes les hespérides.

La famille des *théacées* a pour patrie le sud-est de l'Asie. Elle doit son nom à sa plante principale, le thé, dont les Chinois récoltent les feuilles; ils les roulent, ils les dessèchent sur des plaques de fer échauffées; ils les aromatisent avec des plantes odoriférantes. Mises ensuite en infusion dans de l'eau bouillante, ces feuilles donnent, comme on sait, une boisson excitante et agréable. — C'est aux théacées qu'appartient le kamelia, ou la rose du Japon, remarquable par ses grandes fleurs rouges, blanches ou panachées.

La famille des *méliasées* compte plusieurs beaux arbres des pays chauds. Le plus intéressant est l'acajou; mais il faut en distinguer plusieurs espèces très-différentes: il y a de l'acajou mahogon, avec lequel on fait des meubles; l'acajou à planches, plus tendre et plus léger, et employé particulièrement pour la construction des barques; enfin l'acajou à pommes, dont le fruit se compose d'une sorte de poire, terminée par une noix huileuse, où se trouve une amande excellente.

La famille des *sarmentacées* ou *vinifères* n'est pas nombreuse; mais elle est une des plus riches par l'importance de ses produits, puisqu'elle renferme la vigne. Cette plante est originaire de l'Asie, mais on l'a propagée dans la plus grande partie de l'ancien continent. Il est inutile d'en faire ici l'éloge : tous mes lecteurs connaissent le suc rafraîchissant et doux du raisin ; ils savent que, par l'expression de ce fruit, on retire le vin, après une certaine fermentation ; que le vinaigre en est obtenu par une fermentation plus longue ; que, par la distillation, on en extrait l'alcool et l'eau-de-vie. Peut-être savent-ils moins que le tartre, qu'on emploie si fréquemment dans les arts, est aussi le produit du vin : c'est une sorte de sel qui s'attache aux tonneaux où ce liquide est contenu.

La famille des *géraniées* est fort brillante, mais peu utile : les amateurs de jardins estiment beaucoup le géranium écarlate, qui répand toutefois une odeur très-désagréable ; le géranium triste, qui a des fleurs moins belles, exhale, au contraire, une odeur délicieuse.

La famille des *balsamines* ne contient que de petites plantes sans importance : cependant elle mérite d'être nommée à cause du coup-d'œil agréable de ses fleurs, et surtout pour la singularité de son fruit. Ce fruit, lorsqu'il est très-mur, s'ouvre avec élasticité, et se roule brusquement en spirale, pour peu qu'on le touche ; dans ce mouvement de contraction, les graînes sont lancées au loin : c'est ce qui a fait appeler ces plantes *impatientes* et *ne me touchez pas*.

La grande famille des *malvacées* renferme le colosse du règne végétal : c'est le baobab, qui croît en Afrique : son tronc a souvent un diamètre de 25 à 30 pieds, c'est-à-dire une circonférence de 75 à 90 pieds; dix-sept ou dix-huit hommes auraient de la peine à l'embrasser en joignant les uns aux autres leurs bras étendus. Du haut de ce tronc partent des branches nombreuses, dont chacune égale les plus grands arbres de nos forêts. Plusieurs de ces branches s'inclinent à leur extrémité, jusqu'à toucher le sol et cacher entièrement le tronc; alors l'arbre forme une vaste rotonde de verdure. Les baobabs vivent un temps prodigieux : un savant botaniste a calculé que ceux dont le diamètre est de 30 pieds ne doivent pas avoir moins de 5,000 ans d'existence.

Les fruits de cet arbre sont gros comme des oranges, et connus des Français du Sénégal sous le nom de *pain de singe*; ils ont un goût aigrelet et assez agréable.

Le fromager ou bombax est une autre malvacée énorme, qui ne vient que dans les pays équinoxiaux; son fruit est accompagné d'un duvet assez semblable au coton. — Le cotonnier lui-même se trouve dans cette famille, et il en est certainement la plante la plus importante. On en distingue deux espèces : le cotonnier en arbre, qui n'habite que les régions les plus chaudes; et le cotonnier en herbe, beaucoup plus généralement cultivé : il réussit jusque dans les contrées méridionales de l'Europe, et on pourrait le faire prospérer dans le midi de la France. Les fleurs du cotonnier sont grandes et belles ; les fruits qui leur succèdent contiennent un duvet laineux d'une blancheur éclatante, que l'on nomme coton, et qui est devenu, avec la soie, la laine et le lin, la matière la plus nécessaire aux hommes pour leurs vêtemens.

La ketmie est une malvacée remarquable par ses belles fleurs ; l'espèce qu'on nomme gombo produit beaucoup de graines de la grosseur d'un petit pois ; c'est un bon aliment, fort usité en Amérique.

La mauve, la rose trémière, la guimauve, appartiennent aussi à cette riche famille. Enfin, nommons-y encore le cacaoyer, arbre précieux de l'Amérique équinoxiale : il a l'aspect et le port d'un cerisier de moyenne taille ; ses fleurs, petites et jaunâtres, donnent naissance à un fruit nommé cacao, qui est à peu près de la forme et de la grosseur de nos concombres ; les graines ou amandes, renfermées dans ce fruit, sont au nombre de trente ou quarante, et assez semblables à une grosse olive. On les pile, on les broie ; puis, édulcorées avec du sucre, elles donnent le chocolat.

La famille des *magnoliées*, qui peuple les forêts de l'Amérique, a des fleurs et des feuilles d'une grandeur et d'une beauté admirables. Le magnolia et le tulipier sont surtout des arbres superbes.

La famille des *tiliacées* doit son nom au tilleul, dont le feuillage est beau, et dont on fait souvent l'ornement des allées ; le bois en est tendre et blanc, et s'emploie avec avantage dans les travaux de sculpture et de menuiserie ; les fibres de son écorce, remarquables par leur souplesse et leur ténacité, servent à fabriquer des cordages, des corbeilles, des toiles même. On remarque encore, dans cette famille, un arbre bien intéressant, le rocouyer, qui croît au bord des eaux, dans l'Amérique méridionale et dans l'Inde, et dont les semences donnent la pâte de rocou, propre à teindre en jaune aurore.

Les *violacées* forment une de ces familles qui cachent leur mérite sous une apparence fort simple. Rien n'est plus humble que la violette, mais nulle fleur ne plaît davantage par son agréable odeur, qui vient nous charmer dès l'hiver, quand les autres végétaux sont encore plongés dans l'engourdissement, La pensée, estimée pour ses belles couleurs, n'est qu'une espèce de violette.

La famille des *caryophillées* contient des plantes bien communes et souvent charmantes : la plus intéressante est l'œillet, que ses belles couleurs et son parfum agréable font rechercher. Une autre est la croix de Jérusalem, qui élève avec grâce ses touffes de fleurs d'un rouge magnifique. N'oublions pas non plus le mourron blanc, qui est un mets si friand pour les petits oiseaux.

La famille des *linées* compte peu de plantes, mais elle en a du moins une très-importante : c'est le lin, objet d'une vaste culture dans une grande partie de l'Europe ; ses tiges donnent des fibres qui servent à fabriquer des toiles; ses graines fournissent une huile qui convient principalement pour la peinture et pour l'éclairage; on en fait aussi une farine fort usitée en médecine.

La famille des *saxifragées* tire ce nom, qui veut dire *rompt pierre*, de ce que plusieurs de ses plantes croissent au milieu des fentes des rochers, et à travers les cailloux : la plus belle des saxifragées est sans doute l'hortensia, arbuste qui nous vient de la Chine et du Jupon, et dont on admire les fleurs groupées en magnifiques globes roses.

La famille des *cactées* est une des plus extraordinaires, par la bizarrerie des formes qu'elle présente. Tantôt la plante figure une boule, qui varie depuis la grosseur d'un œuf de poule jusqu'à celle de nos potirons les plus énormes; tantôt elle est cylindrique, et s'élève droit comme un cierge; d'autres fois elle est rampante, ou grimpe aux arbres voisins; quelquefois elle est composée d'une foule de rameaux aplatis et ovales, naissant les uns au-dessus des autres, et composant l'ensemble le plus irrégulier, le plus grotesque. Ces végétaux sont dépourvus de feuilles, mais ils sont armés d'épines fines et nombreuses. De ces tiges si singulièrement hérissées, on est tout surpris de voir sortir des fleurs superbes, d'un blanc éblouissant, ou d'un rouge éclatant, ou d'un jaune doré. La plupart des cactées renferment un suc abondant et frais, qu'on est charmé de rencontrer au milieu des déserts arides où se plaisent ces étranges herbes. Je dis des *herbes*, et non des arbres, car les cactées n'ont pas la consistance du bois, quoiqu'elles atteignent quelquefois jusqu'à 60 pieds de hauteur : elles sont formées d'une matière grasse, charnue et molle. La plus élevée est le cactus ou cierge du Pérou ; mais la plus utile est le nopal ou cactus à cochenille, sur lequel on élève, au Mexique et dans quelques autres pays chauds, le précieux insecte nommé cochenille, élément du carmin.

La famille des *onagrées* comprend des plantes d'une odeur extrêmement agréable : comme l'onagre, dont les fleurs jaunes embaument nos jardins dans les soirées d'été, et le sandal, arbre aromatique célèbre, qui croît dans le sud de l'Asie et dans l'Océanie.

Les *myrtées* sont une des familles les plus intéressantes et les plus belles : on y remarque d'abord le myrte, arbre élégant, qui exhale de toutes ses parties une odeur suave, et qui plaît à la fois par ses fleurs charmantes et par la fraîcheur perpétuelle de son feuillage luisant. Chez les Grecs, il était l'emblême de la gloire et des plaisirs : les arkhontes s'en décoraient le front durant l'exercice de leurs fonctions ; on en faisait la couronne des vainqueurs aux Jeux Olympiques, et celle des triomphateurs à Rome. Il aime les pays chauds : cependant on en trouve en pleine terre jusque dans le département de la Manche.

Le géroflier, qui croît surtout aux Moluques, est un petit arbre de l'apparence du caféyer : il porte de jolies fleurs roses très-odorantes ; les boutons en sont cueillis, séchés, et livrés au commerce sous le nom de *clous de gérofle ;* on sait qu'ils servent comme épice dans beaucoup de mets ; dans l'Inde, on les confit et on les mange après les repas, comme digestif.

On trouve encore, dans les myrtées, le grenadier, aux belles fleurs rouges, aux fruits rafraîchissans ; — le seringa, qui répand l'odeur la plus suave ; — le goyavier, dont les fruits, nommés voyages, ont la forme d'une poire, et possèdent un parfum délicieux : il croît en Amérique.

Les *rosacées* sont la richesse principale de nos vergers, les délices de nos parterres, et l'ornement le plus gracieux de nos haies. C'est dans cette famille que se trouvent le pommier, le poirier, le coignassier, ou l'arbre au coing ; l'aubépine, dont les masses touffues de fleurs blanches, nous réjouissent aux premiers jours du printemps ; — le sorbier, dont les bouquets de fruits ronds sont d'un effet si agréable par leur rouge corail ; — le fraisier, qui donne l'excellente fraise ; — la ronce hérissée d'épines, il est vrai, mais dont nous aimons souvent les fruits, surtout ceux qu'on appelle framboises ; — l'amandier, le prunier, le pêcher, l'abricotier, si connus par leurs savoureux produits, et qui paraissent originaires de l'occident de l'Asie ; — le cerisier, dont l'espèce la plus estimée, nommée griottier, nous vient aussi de l'Asie; — enfin le rosier, qui porte la rose, cette reine des fleurs, ce chef-d'œuvre du règne végétal: il existe une multitude d'espèces de roses, mais la plus belle, la plus gracieuse, est assurément la rose cent-feuilles.

La famille des *légumineuses* est moins brillante que les rosacées, mais elle n'est pas moins utile. Elle tire son nom de la nature de son fruit, qui est un *légume*, c'est-à-dire une *gousse*. On voit que le mot légume n'est pas pris ici dans le sens qu'on lui donne vulgairement : car il signifie, dans le langage ordinaire, toutes sortes de plantes potagères, comme les choux, les carottes et une foule d'autres végétaux qui sont, la plupart, fort différens des légumineuses. Mais il faut convenir aussi que plusieurs de ces dernières sont des plantes potagères : par exemple, le pois, le haricot, la fêve, la lentille. —D'autres sont des plantes à fourrage : comme la luzerne, le trèfle, le sainfoin, le lupin, le galéga, la vesce. — Il y en a quelques-unes qui sont très-importantes dans les arts : par exemple, l'indigotier, qui croît dans les pays chauds, et dont les feuilles fournissent la matière bleue connue sous le nom d'indigo; le genêt des teinturiers, qui donne une couleur jaune assez vive; l'hématoxyle ou bois de Campêche, et le brésil ou brésillet, arbres communs en Amérique, et qui donnent une teinture rouge.

Cette famille abonde en plantes médicinales

célèbres, telles que la réglisse, dont la racine fournit un suc adoucissant; — l'astragale, qui donne, dans le Levant, la gomme adragant; le copaïer, arbre d'Amérique, qui porte la résine de copahu; — la casse, dont l'espèce la plus fameuse est le séné, originaire du N. E. de l'Afrique; — l'acacia-gommier ou mimose-gommier, qui croît dans l'Afrique, et qui produit la gomme arabique; — l'acacia catéchu dont les graines donnent la substance astringente appelée cachou : on le trouve surtout dans l'Hindoustan.

Les légumineuses comptent aussi beaucoup de jolis arbres d'ornement; tels sont : le baguenaudier, aux gousses singulièrement gonflées et remplies d'un air qui se dégage avec bruit quand on les presse; — le robinia ou faux acacia, nommé, en général, simplement acacia; — le cytise ou faux ébénier, dont on aime tant les fleurs jaunes en jolies grappes pendantes; — le gaînier ou l'arbre de Judée, qui se couvre, sur tout son bois, de charmantes fleurs roses; avant qu'il y ait des feuilles.

Ajoutons encore à toutes ces intéressantes légumineuses le tamarinier, qui croît dans les pays chauds, et dont les fruits, nommés tamarins, offrent un bon aliment; — le caroubier, qui décore de ses jolies petites fleurs purpurines et odorantes les côtes de la Méditerranée, et qui porte l'excellent fruit appelé caroube ou pain de Saint-Jean; — enfin la sensitive, plante singulière, dont, au moindre attouchement, les feuilles se rapprochent et les rameaux fléchissent. On remarque, en général, une grande irritabilité dans la plupart des légumineuses, et beaucoup de ces végétaux sont sujets à une sorte de sommeil : ils resserrent leurs feuilles le soir, et les étalent de nouveau au lever du soleil.

La famille des *rhamnées* est bien moins riche que la précédente. Cependant elle possède le nerprun, dont les fruits donnent le *vert de vessie* et la *graine d'Avignon*, couleurs fort employées par les peintres ; — le houx, aux feuilles épineuses, au bois très-dur, et dont l'écorce sert à préparer la glu ; — le fusain, avec le bois duquel on fait un excellent charbon pour le dessin ; — le jujubier, arbre des pays chauds, mais qu'on trouve jusque dans le midi de la France, et qui porte des jujubes, aliment agréable et pectoral : c'est une sorte de jujubier que les anciens appelaient *lotos ou lotus ;* et un peuple d'Afrique, sur la côte de la Méditerranée, fut appelé Lotophages parce qu'il faisait sa nourriture habituelle du fruit de cette plante.

La famille des *térébinthacées* est remarquable par la grande quantité de résines et de baumes que fournissent ses arbres. Le térébinthe ou pistachier se présente d'abord : il peuple toutes les contrées riveraines de la Méditerranée : une de ses espèces porte les amandes nommées pistaches ; une autre fournit le mastic ; une troisième, produit cette térébenthine nommée colophane, employée par les joueurs de violon pour frotter l'archet et l'empêcher de glisser sur les cordes. — Les balsamiers fournissent des baumes précieux, tels que ceux de La Mecque, de Gilead (en Palestine), et la gomme aromatique qu'on appelle myrrhe, et qui vient de l'orient de l'Afrique. — L'oliban ou le véritable encens est une gomme-résine d'un arbre nommé boswellia, originaire de l'Inde. — Les sumacs sont de beaux arbres de la même famille; mais leur suc est généralement malfaisant; l'espèce la plus célèbre est le sumac au vernis ou le rhus vernix, dont les Japonais tirent leur beau vernis.

La famille des *euphorbiacées* abonde en plantes dangereuses et en plantes utiles; les feuilles en sont ordinairement épaisses, charnues et remplies d'un suc blanc et laiteux, mais très-âcre. L'arbre à suif est un des végétaux les plus intéressans de cette famille : la matière grasse de ses fruits sert aux Chinois à faire des chandelles. — Le tournesol des teinturiers, qui réussit dans le Languedoc, et qu'on emploie pour teindre en bleu, est aussi une utile euphorbiacée. Il faut nommer encore avec éloge le palma-christi ou ricin, dont les graines donnent une huile purgative, et qui se recommande par son port noble et ses larges feuilles en éventail.

Le buis est une euphorbiacée connue de tout le monde; mais tout le monde ne sait pas qu'il y a d'autres buis que ces buis nains, dont sont faites la plupart des bordures de nos jardins : dans le midi de l'Europe, il existe de superbes forêts de buis hauts de 90 à 100 pieds. Le bois de ce végétal est le plus dur et le plus pesant de tous les bois e l'Europe, et il s'emploie avec avantage dans une foule d'ouvrages de menuiserie et de tournerie.

L'hévéa, dans l'Amérique méridionale, produit la gomme elastique ou caoutchouc : des incisions faites à son écorce, on voit découler un suc qui a d'abord la couleur de lait, mais qui se noircit ensuite ; on reçoit ce suc sur des moules de terre glaise, qui ont tantôt la forme d'une poire ou d'une bouteille, tantôt celle d'un oiseau ou de quelque autre animal ; souvent aussi ce sont de simples plaques. Quand le caoutchouc est parfaitement sec, on brise ces moules, et il en conserve la forme.

La plus importante de toutes les euphorbiacées est sans doute le manioc, répandu dans les régions équinoxiales : la racine de cette plante fournit une excellente farine, et le pain qu'on en fait, connu sous le nom de cassave, est la nourriture habituelle de beaucoup de populations ; mais on doit se garder de manger cette racine crue, car alors elle est un poison ; il faut en extraire d'abord le suc vénéneux, en la pressant et en la faisant cuire.

A côté de ce précieux végétal, il faut malheureusement placer le mancenillier, arbre américain, qui contient un des poisons les plus redoutables; cependant il cache son action terrible sous un port gracieux et noble.

La famille des *cucurbitacées* est une bienfaisante amie de l'homme. Elle a des fruits généralement très-gros, appelés pépons, formés d'une chair nourrissante, et remplis d'un suc rafraîchissant. La plante à laquelle elle doit son nom est la courge ou cucurbita; mais on comprend sous ce terme des végétaux assez différens les uns des autres : la vraie courge, la courge proprement dite, s'appelle encore calebasse; ses fruits, à coque dure, ressemblent quelquefois à une bouteille, et servent, sous le nom de gourdes, aux voyageurs et aux ouvriers, qui y mettent du vin ou d'autres liqueurs; les jardiniers les emploient pour serrer des graines, et l'on en fait divers ustensiles de ménage. Il existe une sorte de gourge qu'on nomme courge-trompette, parce que les nègres en font un instrument de musique : ils la creusent, et en tirent un son aigre, en frappant sur l'ouverture avec la pomme de la main.—On distingue encore, parmi les courges, le giraumont ou la citrouille, dont le fruit énorme offre une peau unie, d'un jaune pâle, et une chair d'une saveur douce et sucrée; — le potiron, dont les fruits sont à côtés et de la forme d'un globe applati aux deux pôles; — la pastèque, ou le melon d'eau, qui vient très-bien dans les pays méridionaux de l'Europe, et qui porte des fruits lisses, à chair rougeâtre et délicieuse.

Les autres cucurbitacées remarquables sont : le concombre, qui, cueilli vert, et confit dans le vinaigre, prend le nom de cornichon;—le melon, qui est l'un de nos mets les plus agréables ; — et le papayer, arbre élégant des pays chauds ; on distingue le grand papayer, et le papayer commun : celui-là produit, à l'extrémité de sa tige, des groupes de papayes, de la grosseur d'un melon, et d'une chair jaune, sucrée et très-fondante ; l'autre a des fruits de la grosseur d'une orange.

La grande famille des *urticées* offre, comme plusieurs autres, un mélange de propriétés très-utiles et de qualités malfaisantes. Combien de services, par exemple, ne doit on pas au chanvre, dont la tige fournit des fibres propres à faire des toiles et des cordages, et dont la graine, appelée chènevis, donne une huile abondante ! Combien aussi l'on estime cette plante grimpante nommée houblon, si souvent employée en médecine, et dont les graines entrent d'une manière si salutaire dans la composition de la bière ! — Et ce grand arbre de l'Océanie, qu'on appelle arbre à pain à cause de l'excellente nourriture que présente son fruit, souvent si énorme qu'à peine un homme peut le soulever ! — Le mûrier est encore bien plus important : car ce sont ses feuilles qui nourrissent les vers à soie, et qui contribuent ainsi à nous fournir la plus belle et la plus précieuse matière de nos vêtemens ; il existe une sorte de mûrier qu'on nomme mûrier à papier, et dont l'écorce sert, en Chine et au Japon, à la fabrication du papier et des étoffes.

Le figuier est aussi l'une des plus intéressantes urticées : notre figuier commun n'est remarquable que par son bon fruit ; mais il y a, dans le sud de l'Asie, deux sortes de figuiers, que leur aspect imposant et extraordinaire a fait considérer comme sacrés par les Hindous : l'un, qu'on trouve surtout vers le fleuve Nerbedah, est le figuier indien ou l'arbre aux Banians, dont chaque pied forme à lui seul une forêt impénétrable : car de ses branches descendent des rameaux innombrables qui vont toucher le sol, y prennent racine et forment autant de tiges nouvelles. Rien ne peut rendre l'effet que produisent la magnificence majestueuse de cet arbre et l'ombre mystérieuse de sa voûte feuillue ; plusieurs milliers de personnes peuvent trouver un abri sous cette masse de verdure, supportée souvent par plusieurs milliers de tiges. — L'autre est le figuier religieux ou l'arbre de Bouddha, commun à Ceylan ; il est également majestueux et magnifique, mais n'a pas de racines aériennes.

Parmi les urticées nuisibles, il faut nommer l'ortie, dont les feuilles et la tige sont recouvertes de poils creux qui versent sous la peau, quand on les touche, une liqueur brûlante. — Citons aussi l'antiare, arbre de l'île Célèbes, dont la sève est le poison *boûnoupas*, d'une effrayante activité.

La noble famille des *amentacées* contient la plupart de nos arbres sauvages les plus beaux et les plus utiles ; par exemple , l'orme , le hêtre , le charme , le chêne. Le chêne ! ce nom rappelle l'orgueil de nos forêts , le symbole de la liberté, de l'honneur et de la puissance. « Près du chêne tout est vie , tout a du mouvement , dit M. Thiébaut de Berneaud ; une multitude de petites plantes et de jeunes arbrisseaux se réunissent sous son ombrage tutélaire ; le lierre l'embrasse de ses festons verdoyans ; des troupes d'oiseaux se jouent dans son feuillage et y déposent le secret de leurs amours, pendant que des milliers d'insectes bourdonnent autour de son tronc, de ses rameaux , et viennent y chercher un asile. Les uns le couvrent d'excroissances singulières ; les autres s'attachent à ses boutons , aux jeunes pousses , aux feuilles , ou bien ils se logent dans ses fruits , son écorce , ses racines ; l'écureuil et le polatouche sautillent de branches en branches pour enlever les glands avant leur parfaite maturité ; tandis que le cerf , le daim , le chevreuil , dévorent ceux qui jonchent le sol. Le mulot, le porc et le sanglier recherchent avec avidité , jusqu'auprès des racines , ceux que la terre recèle. L'homme à son tour demande au chêne son bois de chauffage , les poutres et les planches propres à assurer la solidité et la durée de ses maisons , de ses constructions navales , les pièces nécessaires pour faire une charrue , des herses, des outils. L'écorce sert à l'usage des tanneries et des autres manufactures où l'on prépare les peaux des animaux, afin de les rendre utiles au-delà de l'époque fixée par la nature pour leur destruction. » Il existe des chênes dont le gland est bon à manger : tel est celui qu'on surnomme belotte, et qui abonde dans le voisinage de la Méditerranée. — Une espèce bien précieuse, mais qui n'a qu'une chétive apparence, c'est le chêne à la galle, commun dans l'ouest de l'Asie : on y recueille un produit très-employé dans les arts, je veux dire la noix de galle, excroissance charnue, due a la piqûre d'un insecte dont nous parlerons par la suite. — Le chêne ou kermès est un chêne toujours vert, qui se trouve dans les lieux arides et pierreux du midi de l'Europe ; il nourrit un insecte appelé kermès, qui fournit une superbe couleur écarlate. — Le chêne-liège, qu'on trouve aussi dans l'Europe méridionale et jusque dans le sud-ouest de la France, a une écorce épaisse, crevassée et spongieuse, qu'on nomme liége.

C'est encore dans les amentacées qu'on trouve le peuplier, si majestueusement élancé ; — le saule, qui se plaît au bord des eaux ; — le bouleau, dont les feuilles tremblent à la moindre agitation de l'air, et dont la sève est une boisson chez quelques peuples du nord ; — le noisetier, le noyer, si intéressans par leurs excellens fruits ; — le châtaignier, qui donne les châtaignes et les marrons : lorsque le fruit du châtaignier renferme plusieurs graines, et que l'on distingue les cloisons qui les séparent, c'est une *châtaigne ;* s'il ne reste qu'une graine dans ce fruit, c'est un *marron :* on n'y remarque pas de cloisons, et le goût en est généralement plus délicat. Le châtaignier est l'un de nos plus gros arbres: on voit sur le mont Etna le *châtaignier des cent chevaux*, qui a 50 pieds de circonférence, 160 pieds de hauteur, et sous lequel cent chevaux peuvent trouver un abri : il présente, dans son tronc, une ouverture à travers laquelle deux chars ordinaires passent aisément de front.

Le platane ou plane est une autre amentacée, remarquable par son port superbe, par ses feuilles larges et nombreuses, il atteint souvent aussi d'énormes dimensions.

Dans cette famille se trouve encore le cirier ou arbre à cire, originaire des pays équinoxiaux, mais qu'on pourrait naturaliser en France ; il contient, dans ses fruits, une matière propre à fabriquer des bougies.

Terminons les phanérogames par la famille des *conifères*. Elle tire ce nom de ce que le fruit des plantes qu'elle renferme est généralement en forme de cône ; ces plantes ont souvent elles-mêmes une forme conique, et de loin elles ressemblent à une pyramide de verdure. Les conifères aiment les régions du nord et les hautes montagnes ; leur aspect est grand et majestueux, mais triste et sévère. Leurs feuilles ne meurent, chaque année, qu'après que de nouvelles feuilles sont déjà poussées : aussi ces arbres se montrent-ils toujours verts. Le pin est un des végétaux les plus communs de cette famille . nous en avons en France de grandes forêts, surtout dans les Pyrénées et dans ces arides plaines des Landes qui s'étendent entre Bordeaux et Bayonne. On distingue, parmi les plus beaux pins, le pin de Russie, très-droit, très-élevé et fort propre à la construction des mâts des vaisseaux ; le pin de Corse, et le pin de lord Weymouth, qui atteint 180 pieds de hauteur. Les pommes de pin sont quelquefois bonnes à manger : par exemple dans le pin pignon, dont les petites amandes ont un goût agréable. — Les sapins ont, en général, une apparence plus majestueuse encore que celle des pins, et leurs rameaux s'étalent horizontalement avec plus de grâce. Ce sont les arbres qui s'élèvent le plus haut : on en trouve dans le Jura, dans les Vosges, de magnifiques forêts; dans la partie occidentale de l'Amérique du nord, vers les bords de la Columbia, on admire des sapins de 250 et 300 pieds d'élévation.

Le mélèze a les feuilles d'un vert plus tendre et plus gai que celui des autres conifères ; son bois est presque incorruptible. — Le cyprès, dont les feuilles sont au contraire d'un vert obscur et triste, a aussi un bois séculaire. — L'if, d'une apparence également sombre, porte de petits fruits vénéneux. — Le cèdre, originaire du Liban et du Taurus, en Asie, est admirable par les touffes immenses de verdure que présentent ses branches nombreuses, très-ouvertes et légèrement courbées vers la terre.

Il ne faut pas confondre ce cèdre asiatique avec le cèdre de Virginie, qui est une espèce de genévrier : ce dernier est moins gros, plus élancé, et son bois rouge, léger et odorant, est celui qu'on emploie ordinairement à couvrir les crayons de mine de plomb.

Les conifères abondent généralement en suc résineux; c'est un travail très-important que l'exploitation de ces résines, qu'on vend sous les noms de térébenthine, de poix, de goudron.

Plantes Cryptogames.

Nous avons déjà vu que les cryptogames sont les plantes privées de fleurs, ou qui, du moins, n'ont pas de fleurs visibles. Elles n'ont, par conséquent pas de graines. Mais comment, dira-t-on, se reproduisent-elles ? La nature a pourvu à tout : au lieu de graines, ces végétaux ont des corpuscules contenus dans de petites capsules, et qui se répandent pour donner naissance à de nouvelles plantes. On donne à ces corpuscules, qui ressemblent souvent à de la poussière, le nom de *sporules* et de *séminules*.

Une des plus nombreuses familles des cryptogames est celle des algues, plantes aquatiques, qui tantôt croissent dans les eaux dormantes et étalent leurs filamens verdâtres, comme un limon, sur la surface des étangs et des lacs ; tantôt elles couvrent les rochers des bords de la mer, ou bien elles vivent au milieu de l'océan, et elles ont alors plusieurs centaines de pieds de longueur, lorsqu'elles touchent le lit de la mer; mais souvent elles nagent en quelque sorte sur les ondes, et elles s'y étendent en vastes forêts flottantes, qui entravent la marche des vaisseaux. C'est ainsi que, dans l'Atlantique, à l'ouest des Açores, on en rencontre d'immenses quantités dans une étendue de 40 à 50 lieues de l'est à l'ouest, et de cinq à six cents lieues du nord au sud.

La famille des *champignons* n'est pas moins variée ni moins étrange. Jamais ces plantes n'ont de feuilles; jamais elles ne prennent la couleur verte, si familière aux autres végétaux : les unes sont d'un beau blanc, d'autres offrent des globes d'un rouge éclatant, quelques-unes simulent un arbre de corail ou se parent d'un chapeau d'azur ; mais il y en a beaucoup dont la couleur est mate et triste. En général, cette famille se plaît dans les lieux humides, et au milieu des immondices et de la corruption. Les champignons croissent avec une rapidité extraordinaire, et durent peu de temps. Tantôt ils sont pour l'homme des alimens recherchés et délicats, tantôt ils contiennent un poison terrible. Ceux que l'on mange le plus ordinairement, et les seuls dont la vente publique soit permise dans les marchés de Paris, ce sont les agarics, surmontés d'une sorte de petit chapeau. — L'amadou se retire d'un autre champignon, large, coriace, et qui croît sur les troncs d'arbres. — C'est encore à cette famille qu'appartient le singulier végétal nommé truffe, qui ne vit que sous terre, et dont on découvre la place au moyen de porcs et de chiens. — Les mucos où moisissures, qui couvrent de leurs filamens entrecroisés les matières végétales ou animales en décomposition, sont aussi des champignons.

Il est bien difficile de distinguer au premier abord les mauvais champignons des bons : aussi, de nombreux empoisonnemens ont-ils été causés par ces plantes : voici cependant quelques caractères qui peuvent aider dans le choix de ce genre d'aliment. Les bons champignons ont une légère odeur de rose, d'amende amère ou de farine récente, une saveur de noisette, une surface sèche, une consistance ferme, une couleur franche, rosée, ne changeant point à l'air ; ils habitent les lieux peu couverts ; on les trouve presque toujours entamés par les animaux ; le temps les dessèche, mais ne les altère pas.

L'empoisonnement par les champignons se manifeste par des coliques violentes, des douleurs aiguës dans l'estomac, des nausées, des convulsions separées par des intervalles d'assoupissement et de défaillance. Le premier soin, dans cet accident, est de provoquer le vomissement le plus promptement possible, avec quelques grains d'émétique, ou, si l'on n'en a pas, avec de l'eau tiède.

La famille des *mousses* est composée de petites plantes qui croissent sur les troncs des arbres, sur les vieux murs, sur les toits en tuiles ou en paille ; souvent aussi elles s'étendent en tapis de verdure sur la terre humide : elles ne craignent pas les froids les plus rigoureux, et couvrent même les rochers des régions glaciales.

La famille des *likhens* (1) contient des plantes innombrables, et qui vivent partout, sur le sol, sur l'écorce des arbres, sur les rochers stériles, dans les pays les plus froids, comme dans les régions chaudes et tempérées. Les likhens se présentent sous des formes extrêmement variées : tantôt ils figurent une sorte de croûte ; tantôt on les prendrait pour des dartres vives ; quelquefois il ne sont qu'une simple poussière, ou bien on les voit divisés en filamens qui pendent, comme une barbe blanchâtre, du tronc et des rameaux des arbres. Leurs couleurs sont également très-diverses, et offrent de jolies nuances de blanc, de jaune, de vert, de rouge, de rose et de noir. Il y a des likhens qui servent comme aliment : tel est le likhen d'Islande, qu'on réduit en une farine nourrissante, fort utile pour quelques peuples du Nord : il est aussi un médicament précieux contre les affections de poitrine, et l'on en prépare, dans les pharmacies, des pâtes, des gelées, des tablettes, etc. — Il y en a d'autres qu'on emploie dans la teinture : le plus fameux est le likhen

(1) On écrit ordinairement *lichens*.

roccelle, qui croît principalement sur les rochers des côtes des îles Canaries, et dont on retire la couleur violette nommée *orseille.*

De toutes les familles des cryptogames, la plus belle est celle des *fougères :* le feuillage de ces plantes est riche, agréablement découpé, et forme souvent des panaches élégans. Ce ne sont que des herbes dans nos climats tempérés : mais, dans les contrées équinoxiales, elles deviennent de véritables arbres, et elles ressemblent à de petits palmiers.

On brûle les fougères pour extraire l'abondante potasse que contiennent leurs cendres : la potasse est, comme on sait, employée dans la fabrication du verre, et de là cette expression connue : *le vin rit dans la fougère.*

RÈGNE ANIMAL.

MALGRÉ la richesse du règne végétal, les animaux sont plus admirables encore par leur variété et leur organisation ; ils sont beaucoup plus nombreux, car, sans compter les innombrables créatures qui frappent habituellement nos regards, il existe des animalcules infinis qu'on ne peut découvrir qu'avec un microscope et qui peuplent nos alimens, nos boissons, l'air que nous respirons, enfin toutes les diverses parties de la nature.

Il est vrai que beaucoup de ces petits animaux,

et qu'un grand nombre même de ceux que nous voyons sans le secours du microscope, diffèrent bien peu de certains végétaux : ils n'ont guère de plus qu'eux que la faculté de se mouvoir, et, à leur forme, on les prendrait volontiers pour des plantes. Il en est chez qui l'on ne trouve aucun organe pour voir, ni pour entendre; plusieurs sont tout à fait privés de tête. Mais, à mesure qu'on observe des animaux d'un ordre plus élevé, on marche de surprise en surprise, on est frappé d'une admiration croissante, à l'aspect de l'ensemble si compliqué, si ingénieux et si parfait qui règne dans la composition de tant d'êtres divers.

Ainsi, nous les voyons munis de membres pour se mouvoir ou pour toucher, saisir et repousser les corps étrangers; — ils ont une bouche et une langue douées de goût, c'est-à-dire de la propriété si importante d'apprécier la saveur bonne ou mauvaise des substances dont ils veulent se nourrir : — une membrane très-délicate renfermée dans leurs narines leur fait sentir les odeurs qui viennent la frapper; — le merveilleux mécanisme de la vue leur permet de distinguer les objets, même à de grandes distances : car les rayons lumineux qui partent de ces objets rencontrent dans l'œil une ouverture nommée pupille, pénètrent par là dans les profondeurs de l'organe, et y portent l'image du corps que l'animal veut voir. — Les sons que produisent les objets environnans sont perçus par un mécanisme non moins curieux, qu'on nomme l'ouïe : ils s'enfoncent dans la cavité de l'oreille, profondeur longue, sinueuse, bordée d'os qui la font ressembler à une caverne de rochers, et munie de membranes qui entrent facilement en vibration ; de manière que les moindres sons s'y répercutent et y deviennent sensibles.

Voilà comment les animaux se mettent en rapport avec les objets extérieurs. Si maintenant nous examinons ce qui se passe en eux-mêmes, que de nouveaux sujets d'admiration et d'intérêt ! Voyez d'abord comme les substances alimentaires sont absorbées par l'animal, et se transforment en une partie de son être : elles entrent, par la bouche, dans un long canal ou tube, qui fait des replis considérables dans l'intérieur du corps : là, elles séjournent quelque temps dans une espèce de poche nommée estomac, où elles sont réduites en une pâte délicate ; puis, en parcourant les sinuosités des intestins, elles sont pompées par une multitude de petits vaisseaux, d'où elles se transportent dans le reste de l'être, et y deviennent le sang ; celui-ci se répand de tous côtés par mille canaux, et il circule avec rapidité, en partant du cœur et en y revenant sans cesse.

Mais ce fluide nourricier a besoin d'être vivifié par l'action de l'air : ce dernier s'introduit, par la bouche encore et par les narines, dans des vésicules innombrables dont la réunion forme les poumons ; et c'est là qu'il vient toucher et réchauffer le sang ; puis il est renvoyé par le même chemin.

Ce n'est pas tout : cet air, en passant par un étroit canal qu'on nomme larynx, produit, s'il est poussé avec force, un certain son; de là, les cris si divers des animaux, leurs chants souvent si harmonieux, et enfin la parole de l'homme, le plus grand, le plus sublime don de la nature.

Toutes ces fonctions ne s'opèrent pas dans un amas faible et tombant : mais les organes où elles s'exécutent sont attachés à une charpente forte et solide, formée par des os. Ces os composent d'abord une sorte de colonne, qui est comme la pièce principale de l'édifice : c'est la colonne vertébrale. de laquelle partent, à droite et à gauche, les os des côtes et ceux des membres. A ces os sont attachés des faisceaux de fibrés appelés muscles, qui, semblables à de puissans cordages, soulèvent toutes ces parties de la charpente.

Voyons maintenant quelle est la partie du corps qui commande les mouvemens, qui détermine et qui règle l'action des organes. Ce chef est le cerveau, masse de moelle comprise dans une boîte solide nommée crâne, qui se trouve à l'extrémité de la colonne vertébrale. Des nerfs qui partent de là vont en se ramifiant jusque dans les parties les plus éloignées du corps de l'animal : ils leur transmettent les ordres de ce centre de l'intelligence, et d'un autre côté, ils avertissent celui-ci des sensations qu'elles éprouvent.

Mais quelle est la cause de cette propriété admirable du cerveau ? D'où lui vient cette intelligence?

Ici surtout se montre la grandeur de Dieu, qui a animé d'un souffle divin la matière, et lui a donné la puissance de percevoir des images, de concevoir des idées, d'avoir de la mémoire, de la réflexion, du raisonnement.

L'intelligence, du reste, est loin d'être la même chez tous les animaux; elle est très-faible assurément dans beaucoup d'espèces : mais toutes du moins possèdent l'instinct, penchant irréfléchi, qui fait agir l'être soudainement, irrésistiblement, et le force, en quelque sorte, à éviter le danger, à prendre ce qui lui est favorable. Or, cette faculté, par une sage compensation de la nature, paraît être en raison inverse de l'intelligence : car les animaux les moins doués de celle-ci, c'est-à-dire les plus petits, les plus faibles, les plus simplement organisés, sont précieusement ceux qui présentent les merveilles les plus étonnantes de l'instinct.

Pour le règne animal, comme pour les végétaux, la vie se manifeste avec plus d'abondance et de vigueur dans la zone équinoxiale que dans les autres; c'est là qu'on trouve les plus grands et les plus forts quadrupèdes, comme l'éléphant, le rhinocéros, l'hippopotame, le lion, le tigre, la girafe; c'est là qu'habitent les plus gros et les plus redoutables reptiles, tels que le serpent boa, le crocodile. Cette zone est la patrie de toutes les variétés si curieuses des singes. D'innombrables oiseaux, ornés du plus brillant plumage, y peuplent les forêts ; d'autres, comme l'autruche et le casoar, s'y font remarquer par leur taille énorme. Une multitude infinie d'insectes y brillent des plus vives couleurs. Les habitans mêmes de la mer y sont revêtus d'écailles plus éclatantes, et y pullulent en plus grand nombre.

Nos régions tempérées n'ont pas une faune (1) aussi variée, aussi magnifique ; mais elles possèdent des animaux bien utiles ; tels sont : le chien, fidèle compagnon de l'homme ; le cheval, le bœuf, ses dociles serviteurs ; le mouton, qui lui procure ses vêtemens ; le porc, aux formes ignobles, mais dont la chair est un de nos principaux alimens. Nous avons aussi des oiseaux au joli plumage, mais surtout au ramage agréable. Enfin nous ne nous plaignons pas de ne point voir autour de nous un grand nombre de carnassiers nuisibles : l'ours et le loup sont presque les seuls grands animaux de proie de nos forêts.

A mesure qu'on s'approche des pôles, on voit la vie diminuer sur la terre ; mais dans ces régions froides la nature a eu la prévoyance de garantir les animaux par d'épaisses et chaudes fourrures : on y trouve ces zibelines, ces hermines, ces renards bleus et blancs, ces castors, qui fournissent des pelleteries d'un si grand prix. Les régions polaires sont aussi la patrie de l'utile renne, qui remplace chez les Lapons tous les animaux domestiques. Enfin le féroce ours blanc ne se plaît qu'au milieu

(1) On appele *faune* l'histoire naturelle des animaux d'un pays.

des solitudes glacées du nord. Quant à la mer, elle y est moins froide que le sol, et elle conserve encore dans ces lieux un caractère animé : des troupes immenses de harengs y cherchent une retraite pendant l'hiver, et c'est là surtout que se rencontrent les énormes baleines.

Il y a beaucoup d'animaux, principalement parmi les oiseaux et les poissons, qui changent de demeure et vont du nord au midi ou du midi au nord, suivant les époques de l'année : ainsi, nous voyons les cailles, les hirondelles, le rossignol, la fauvette, le loriot, disparaître de notre belle France aux approches de l'hiver, pour aller chercher des climats plus méridionaux ; mais bientôt nous arrivent des troupes de bécasses, de grues, de cigognes, de sarcelles, d'oies et de canards sauvages, qui échappent au froid des régions boréales. Au printemps, les aimables hôtes de nos bois viennent retrouver les demeures qu'ils avaient abandonnées, et les tristes oiseaux de l'hiver s'enfuient vers le nord. « Ainsi, il y a un échange continuel « d'habitation entre ces phalanges aériennes ; et la « marche du soleil tantôt les amène vers l'équa- « teur, tantôt les repousse vers les pôles (1). »

Nous allons passer en revue les principales espèces d'animaux.

Voyons quelle classification nous pourrons employer.

(1) Walckenaer, *Cosmologie*

Nous avons déjà remarqué qu'il y a des animaux presque semblables à des plantes, et qui sont sans yeux, sans tête, ou qui, du moins, ne paraissent pas en avoir; ils forment une grande division sous le nom de *zoophytes*, c'est-à-dire *animaux-plantes*.

Au-dessus de cette division, on en voit une autre composée d'animaux déjà plus parfaits, mais fort petits encore, et qui n'ont pas cette charpente osseuse dont nous avons parlé (1); tout leur corps est recouvert d'une suite d'anneaux liés par des jointures ou *articulations*, et qui se meuvent au moyen de muscles placés dans l'intérieur : cette division comprend ce qu'on appelle les *animaux articulés*; on y trouve, par exemple, les mouches et les autres insectes.

Viennent ensuite les *mollusques*, qui sont ainsi nommés de ce qu'ils ont une peau flasque et *molle* : mais cette peau est souvent protégée par une coquille très-solide. Les huîtres, les escargots sont des mollusques.

Enfin, au-dessus de toutes les autres divisions, se présente celle des *animaux vertébrés*, c'est-à-dire des animaux qui ont une colonne *vertébrale*. Là se trouvent les poissons, les reptiles, les oiseaux et les mammifères. Ces derniers sont les plus compliqués; ils paraissent les plus parfaits de tous par leur organisation, et ils comprennent l'homme, qui est assurément le chef-d'œuvre de la nature.

Ainsi, le règne animal est distribué en quatre

(1) Page 113.

parties : les *zoophytes*, les *animaux articulés*, les *mollusques* et les *animaux vertébrés ;* et chacune de ces grandes divisions se partage elle-même en plusieurs classes : les oiseaux, par exemple, sont une classe des animaux vertébrés ; les insectes sont une classe des animaux articulés.

Zoophytes.

La nombreuse classe des *infusoires* commence l'échelle du règne animal : ces êtres sont généralement si petits qu'on ne peut les distinguer qu'avec un microscope, et ils tirent leur nom de ce qu'ils se rencontrent principalement dans les liquides qui ont tenu des matières animales ou végétales en *infusion*. Les eaux corrompues, le vinaigre, la colle, en contiennent beaucoup ; une seule goutte d'eau nous en offre des millions, ayant, chacun, des organes compliqués, et jouissant d'une activité remarquable. On ne saurait trop admirer la patience et le zèle des naturalistes, qui ont examiné minutieusement et écrit avec détail toutes les parties de ces animalcules : un savant allemand est parvenu à compter un grand nombre d'estomacs dans un infusoire !

Ces animaux ont des formes extrêmement variées : les uns, qu'on nomme monades, c'est-à-dire *unités* à cause de leur extrême petitesse, sont comme de simples points, qui se meuvent avec beaucoup de vitesse et dans tous les sens ; d'autres ressemblent à des vers, ou à des anguilles; il en est qui produisent l'effet de la roue d'un bateau à vapeur, quand ils sont en mouvement. Ceux qu'on appelle *protées* ont reçu ce nom parce qu'ils modifient sans cesse leur forme de la manière la plus curieuse. Il y en a enfin qui paraissent munis de longs bras pour aller saisir au loin leur nourriture.

Nous avalons, sans nous en douter, des milliers de ces animalcules, et un grand nombre vivent probablement dans notre corps.

La classe des *polypes* comprend des animaux gélatineux, dont le corps est ordinairement en forme de bourse, l'ouverture de cette bourse est entouré de petits bras, propres à tâter les objets environnans. Cette sorte de bras a d'abord été considérée comme des pieds, et voilà d'où est venu le nom de polypes, qui signifie *beaucoup de pieds*.

Ces animaux, qui ne vivent que dans l'eau, se réunissent ordinairement en grand nombre, et sont alors revêtus et soutenus par des parties solides, analogues aux pierres calcaires. Un amas de polypes ainsi agglomérés s'appelle polypier : il présente souvent l'apparence d'un petit arbre : aussi a-t-on pris souvent les polypiers pour les plantes marines.

Le corail est un des polypiers les plus gracieux ; il est d'un beau rouge, et ressemble à un arbuste privé de feuilles : on le trouve surtout dans la Méditerrannée et la mer Rouge. Le corail des côtes de France et d'Italie passe pour le plus beau; celui des côtes de Barbarie a plus de grosseur, mais il est d'une couleur moins éclatante. Réduite en poudre impalpable, cette matière est en usage comme dentifrice; façonnée, taillée sous diverses formes, c'est un ornement que la mode avait autrefois adopté en France, mais qui n'est plus aujourd'hui recherché que des Orientaux.

Les millepores et les madrépores ont des polypiers dont la surface est parsemée d'innombrables pores. Ils sont très-communs surtout dans les mers de l'Océanie, et là, en s'amoncelant les uns sur les autres en nombre prodigieux, ils composent des bancs et des récifs redoutables, ils forment même à la longue des îles entières, sur lesquelles les eaux de l'Océan poussent des matières terreuses: des végétaux y croissent, et des hommes viennent y établir leurs demeures.

Les éponges sont encore un polype, et c'est sans doute le plus utile de tous. Elles se trouvent adhérentes aux rochers, sous la surface de l'eau. On les pêche surtout sur les côtes de l'Amérique méridionale et dans la partie orientale de la Méditerranée. C'est un des principaux commerces des habitans de l'Archipel, qui, dès leur jeune âge, s'essaient à plonger à de grandes profondeurs pour aller chercher ces animaux.

Une chose fort curieuse, c'est qu'il est possible de greffer l'un sur l'autre deux polypes ou deux moitiés de polypes. Lorsqu'on en coupe un en plusieurs morceaux, chaque partie peut vivre séparément et devenir un animal complet.

A côté des polypes se trouve la classe des *acalèphes* ou des *orties de mer*. Ces animaux brillent de couleurs variées; mais plusieurs, quand on les touche, ont la propriété de causer une sensation vive et brûlante, comme celle des orties. Une des espèces les plus singulières, ce sont les anémones de mer, dont la bouche est garnie de plusieurs rangées de petits bras, qui s'épanouissent comme les pétales d'une fleur : on les voit, par un temps serein s'étaler gracieusement sur les rochers ou sur le sable; mais, si les eaux sont agitées, les bras sont aussitôt retirés dans l'intérieur du corps, et la fleur disparaît.

Voici une classe bien importune et bien redoutable : c'est celle des *vers intestinaux*, qui ont fixé leur séjour dans les intestins et dans presque toutes les diverses parties du corps des autres animaux; ils y occasionnent souvent les dérangemens les plus funestes. Un des plus étonnans est le botryocéphale, aplati comme un ruban, et long quelquefois de trois cents pieds; il est commun chez les habitans du nord de l'Europe. Le ver solitaire, au contraire, attaque les peuples du midi : il est aussi très-plat, et d'une grande longueur.

Revenons aux zoophytes de la mer : nous y trouverons encore une classe, celle des *échinodermes* : ce nom un peu difficile à retenir, signifie *peaux épineuses*, et il a été donné à ces animaux parce que beaucoup d'entre eux ont, autour du corps, de nombreuses épines. Nommons seulement, dans cette classe, les *astéries*, ou *étoiles de mer*, élégamment découpées en plusieurs rayons, au centre desquels est une ouverture à laquelle on donne le nom de bouche.

Animaux articulés.

La première classe qui se présente dans les animaux articulés c'est celle des *insectes*. Elle est la plus nombreuse de toutes les classes animales, et sans doute la plus intéressante par la richesse des couleurs et les merveilles de l'instinct. Mais ce qui étonne surtout, ce sont les métamorphoses admirables que subissent ceux de ces petits animaux qui sont pourvus d'ailes. En sortant de l'œuf, ils se montrent d'abord à l'état de larve; c'est ce qu'on appelle, dans beaucoup d'espèces, un ver, et, dans d'autres, une chenille; ensuite on les voit s'emmailloter dans un tégument, dans une sorte d'abri, formé de filamens qu'ils tirent de leur propre corps, ou de matériaux étrangers qu'ils réunissent : ce sont alors des nymphes ou chrysalides. Après quelque temps, la nymphe se fend, et il en sort un insecte ailé, qui s'élance gaîment dans les airs.

Malgré leur jolie physionomie, les insectes sont souvent des hôtes très-incommodes et très-nuisibles : munis de lancettes redoutables, une foule d'entre eux attaquent les hommes et les animaux, les tourmentent avec une persévérance acharnée, et rendent furieux, par la force de la douleur, les plus puissans quadrupèdes. D'autres détruisent nos végétaux utiles ou dévorent nos étoffes; quelques-uns rongent toutes les substances qu'ils rencontrent; plusieurs vivent en parasites sur nous-mêmes, si la propreté ne vient nous prêter son secours. Mais il faut aussi reconnaître les services que nous rendent beaucoup de ces petits animaux; et d'abord remarquons que la plupart ont reçu de la nature l'important emploi de faire disparaître de dessus la terre les matières corrompues, qui, en s'accumulant, finiraient par l'infecter; qu'en outre ils servent de pâture à une grande quantité d'oiseaux, de poissons, de reptiles, qui eux-mêmes à leur tour entrent dans notre nourriture. Voyez ensuite le fil précieux que nous fournit le ver à soie; le miel et la cire que nous donne l'abeille; les produits avantageux qu'offrent à la peinture et à la teinture la cochenille, le kermès et quelques autres.

Nous ne suivrons pas les entomologistes dans leurs savantes classifications des insectes; nous nous contenterons de les distribuer en trois divisions: les insectes qui sont *sans ailes*, ceux qui ont *deux ailes*, et ceux qui ont *quatre ailes*.

Les insectes sans ailes sont les plus méprisables; compagnons de la malpropreté, ils ne sont qu'importuns et d'un aspect désagréable, et nous épargnerons à nos lecteurs le déplaisir de les voir nommés ici.

Les insectes à deux ailes abondent aussi en espèces incommodes; les mouches et les cousins en font partie : ces derniers nous poursuivent avec acharnement pour se nourrir de notre sang, et leur piqûre est très-douloureuse, surtout par l'effet d'une liqueur vénéneuse qu'ils introduisent dans la plaie faite par leur trompe. Ils deviennent un véritable supplice pour les hommes et les animaux dans les contrées équinoxiales, où ils sont connus sous le nom de maringouins et de moustiques; là, ils paraissent en nombre infini, avant le lever et après le coucher du soleil, et l'on ne peut s'en garantir qu'en se frottant de matières grasses, ou en s'environnant de fumée, ou en s'enveloppant entièrement d'étoffes; il faut, pendant la nuit, entourer les lits de voiles de gaz, appelés cousinières ou moustiquières. Une chose étonnante, c'est que les contrées les plus boréales sont, comme les régions de l'équateur, exposées à ce fléau. Les malheureux Lapons, les Islandais et d'autres peuples du Nord, doivent pendant leur été, s'enduire les mains et le visage de graisse, et vivre continuellement au milieu d'une épaisse fumée, pour se soustraire aux attaques de ces détestables animaux.

Parmi les insectes à quatre ailes se présente d'abord les papillons, qui sont parés de couleurs si brillantes, et que nous aimons tant à voir voltiger de fleur en fleur : ils sont très-innocens alors; mais, à l'état chenilles, ils causent d'incalculables dégâts : aussi des ordonnances très-sages forcent-elles les cultivateurs à écheniller. Il y a des papillons qui ne volent que le jour . on les appelle *diurnes.* — D'autres volent le soir : on les nomme *crépusculaires.* — Plusieurs enfin ne se mettent en mouvement que la nuit : ce sont les *nocturnes* ou les *phalènes*, famille où se trouvent les bombyces, qui contiennent à la fois les espèces les plus nuisibles à nos arbres fruitiers, et l'espèce la plus avantageuse pour nous ; cette dernière est le bombyce du mûrier, ou le ver à soie, qui, en sortant de l'état de chenille , s'enveloppe dans un cocon ovale, formé d'un fil blanc, verdâtre ou jaune, nommée soie. Cet insecte précieux est originaire de l'Asie : les Romains nommaient *Seres* les peuples d'où ils tiraient la soie, et qui paraissent à peu près co respondre aux Chinois ; ils payaient cette matière son poids d'or. Mais , sous Justinien, des moines qui avaient été envoyés dans l'Inde, parvinrent à tromper la surveillance jalouse des nations orientales, observèrent la méthode d'élever des bombyces, et rapportèrent, dans un bâton creux, des œufs que l'on fit éclore à la chaleur du fumier. Dès lors la soie devint plus commune en Europe ; les Arabes en répandirent la culture en Espagne et sur les côtes d'Afrique ; de là elle pénétra en Sicile, dans le royaume de Naples ; enfin, à l'époque des Croisades, on commença à l'introduire en France. Aujourd'hui elle est l'objet d'une immense industrie dans nos départemens du sud-est. On nomme *magnanerie* ou *magnanière* le local destiné à l'éducation des vers à soie ; il faut qu'on puisse en tout temps y maintenir une chaleur de 16 à 25 dégrès, et y donner beaucoup d'air : aussi ces bâtimens sont-ils ordinairement garnis de poêles, et percés de fenêtres à toutes les expositions ; ils se divisent communément en trois parties : une pièce principale, qui est l'atelier, et qui est environnée de tablettes nombreuses, où l'on pose les vers ; une pièce plus petite, appelée infirmerie, où l'on met ceux qui sont malades ; enfin une troisième où l'on dépose les feuilles de mûrier propres à nourrir l'animal, et où l'on sèche celles qui sont trop humides. On donne à manger aux vers à soie plusieurs fois par jour, on ôte les anciennes feuilles, on nettoie leur petite demeure avec le plus grand soin. Après qu'on les a vus changer quatre fois de peau, il faut préparer ce qu'on appelle la *monte*, c'est-à-dire, donner au ver les moyens de faire facilement son cocon, et l'on dispose pour cela, sur les tablettes et autour des montans qui les soutiennent, des paquets de petits rameaux dépouillés de feuilles ; l'animal y pénètre, et il s'y enveloppe librement de son fil délicat ; au bout de quelques jours on détache les cocons, on met à part ceux qu'on veut laisser éclore ; les autres sont jetés dans l'eau bouillante, qui fait périr la chrysalide ; on dévide ensuite la soie, qui dès lors peut-être livrée au commerce. Les cocons que l'on a mis à part éclosent une quinzaine de jours après la transformation en chrysalide; ce sont alors des papillons : on les dépose sur une table couverte d'étoffe, et là ils font des œufs, qui s'attachent à cette étoffe, et que l'on conserve ensuite au frais pour une nouvelle saison. Quand il s'agit de faire éclore ces œufs, il faut les exposer à une douce chaleur : dans une foule de ménages, les femmes ont la singulière précaution de les échauffer en les portant sur elles jour et nuit.

J'ai dit qu'il y a des bombyces très-nuisibles : telles sont surtout ces chenilles noires, mais parsemées de bandes rousses et bleues, avec une bande blanche, qu'on voit en si grand nombre dans nos vergers. Un bombyce fort curieux est celui qu'on nomme *processionnaire* : le jour, ses chenilles se tiennent immobiles, les unes à côté des autres, dans une espèce de sac de soie appliqué le long du tronc d'un arbre; mais, quand arrive l'heure de prendre leur nourriture, c'est-à-dire le soir, elles sortent de ce nid d'abord une à une, puis deux à deux, trois à trois, quatre à quatre, quelquefois jusqu'à vingt de front, marchant quand la première marche, s'arrêtant quand elle s'arrête; elles rentrent au logis dans le même ordre qu'elles en sont sorties.

C'est encore aux papillons de nuit qu'appartiennent les pyrales ou tordeuses, qui tordent les feuilles des plantes, et les lient avec de la soie pour se faire un logement.

Vous avez vu souvent les fourrures et les étoffes

mangées par des vers : eh bien ! ce sont encore des chenilles de phalènes, et ces phalènes, qu'il faut s'empresser de détruire, portent le vilain nom de teignes.

Quittons les papillons, et discns un mot des cigales, que tout le monde croit connaître, parce qu'on prend pour elles les sauterelles, si communes dans notre climat de Paris ; mais les cigales n'habitent que les pays chauds, et n'ont pas de jambes disposées pour le saut ; les mâles rendent un son, à l'aide de deux petits instrumens placés sous le ventre ; ce bruit, qu'on décore du nom de chant, quoiqu'il ne s'opère que par une espèce de frottement, est quelquefois tellement fort et multiplié, qu'il devient insupportable.

Les cochenilles sont importantes par leurs propriétés colorantes. L'espèce la plus précieuse est la cochenille du nopal, si utile à la peinture et à la teinture, comme un des premiers ingrédiens du carmin : elle vit surtout au Mexique, mais il paraît qu'on peut aussi l'élever dans le midi de l'Europe. Nous savons déjà que le nopal est un cactus. Tous les ans, à la belle saison, on *sème* les cochenilles sur cette plante, c'est-à-dire qu'on en met huit ou dix mères dans un nid formé d'une étoffe claire, et on place ce nid à la base de chaque branche. On voit, au bout de quelque temps, les petits partir par les trous de l'étoffe, et se répandre sur toute la plante qui les nourrit. Bientôt la récolte se fait ; on passe légèrement le bout arrondi d'un couteau le long de la peau du nopal, du haut en bas, et l'on reçoit dans la main les cochenilles qui tombent; on les met ensuite dans un panier; et le même jour, on les tue en jetant dessus de l'eau bouillante; puis on les fait sécher sur une table, et on les met enfin dans des boîtes, pour être livrées au commerce — Une autre cochenille nommée kermès, donne aussi une couleur rouge, mais bien moins estimée que celle de la précédente : elle vit particulièrement sur le chêne vert, commun dans le midi de l'Europe. — C'est encore une cochenille qui, piquant les jeunes branches de quelques arbres de l'Inde, en fait découler la gomme laque, employée dans la composition de la cire à cacheter, de quelques vernis, etc.

C'est un insecte nommé cynips, qui produit la noix de galle, usitée en teinture et pour la fabrication de l'encre. Il dépose, en effet, ses œufs sous l'épiderme des feuilles ou d'autres parties d'une espèce de chêne; ces œufs sont accompagnés d'une liqueur âcre, qui fait extravaser les sucs du végétal; et il se forme, autour de la larve, une excroissance considérable, semblable à une noix.

Parlons des fourmis. Que ne peut-on pas dire des fourmis, qui forment de si admirables républiques, et dont l'histoire occuperait facilement un volume entier ! Au milieu de leurs curieuses mœurs, choisissons quelques-uns des faits les plus intéressans. Remarquons d'abord une chose que la plupart de nos jeunes lecteurs ignorent sans doute :

c'est que les fourmis mâles et femelles, qui ne sont pas fort nombreuses, ont de longues ailes, tandis que les fourmis privées d'ailes, qu'on voit le plus ordinairement, sont neutres. Ce sont ces neutres qui se chargent de tous les travaux que nécessite l'existence de la société. Ils extraient, apportent et disposent tous les matériaux dont se compose le nid, c'est-à-dire la fourmilière; ils recherchent les provisions journalières; ils ont soin des œufs et des larves, donnent la becquée à ces dernières, au moyen d'une liqueur miellée qu'elles leur dégorgent, et changent de place les œufs selon les différens degrés de température. Ce sont elles, enfin, qui défendent l'habitation, en cas de guerre ou d'invasion. « Quelquefois, dit M. Percheron, les fourmis ont à changer de domicile, soit qu'elles fuient tourmentées par la main des hommes, soit que d'autres fourmis attaquent leurs nids. Alors l'émigration s'opère d'une manière singulière : une des fourmis, à qui l'idée de changer de domicile est venue, a-t-elle trouvé un endroit qui lui semble propice, elle revient sur ses pas, tâche de faire comprendre à une de ses compagnes ce qu'elle a découvert, la saisit par les mandibules; celle-ci se roule alors en peloton, et se laisse porter au nouveau domicile; quand elle en a reconnu les avantages, elle s'éloigne avec sa conductrice, et ensemble elles reviennent en chercher d'autres, jusqu'à ce que toute l'émigration soit effectuée. Parmi les raisons qui forcent les fourmis à émigrer, la guerre entre pour beaucoup ; ces guerres ont ordinairement pour motifs des discussions de voisinage, les fourmis étant de petits insectes très-irascibles. Lorsqu'elles font rencontre, sur leur chemin habituel, d'habitans d'une autre fourmilière, il faut essayer de se rendre maître du terrain; elles sortent alors de part et d'autre de la fourmilière, se saisissent, se terrassent, se tirent de côté et d'autre, se secourent entre elles quand il en est besoin, et se laissent plutôt déchirer en morceaux que de lâcher prise une fois qu'elles ont saisi leurs adversaires; le champ de bataille a quelquefois trois ou quatre pieds carrés, et il reste toujours jonché d'une grande quantité de morts, de blessés et d'autres qui sont étourdis par la quantité d'acides vénéneux dont ils ont été atteints. Le combat continue le lendemain; le parti le plus fort finit par pénétrer dans la ville ennemie et y porter le ravage. » Parmi les fourmis, il en est qui construisent leurs habitations dans les vieux bois, qu'elles creusent en galeries spacieuses, en loges innombrables, distribuées en plusieurs étages. D'autres savent, en habiles maçons, créer les compartimens de leur demeure, tantôt en creusant l'intérieur du sol, tantôt en formant des monticules de toutes sortes de matériaux : on voit sur ces monticules plusieurs ouvertures en forme d'entonnoirs, qui descendent dans l'intérieur de la fourmilière ; ces entrées sont vastes, et donnent passage à une quantité innombrable d'habitans, qui, pendant toute la journée, se tiennent sur la fourmilière ou à l'entour; mais quand la nuit ou le mauvais temps arrive, elles rentrent toutes au souterrain, et, avec les matériaux mobiles qu'elles peuvent avoir elles ferment ou rétrécissent les ouvertures, y laissant seulement quelques sentinelles qui restent pour veiller à la sûreté des autres. Ce dôme n'est pas informe et massif, comme on pourrait le croire, mais contient divers étages, divisés avec art en beaucoup de loges. Tant de travaux ingénieux feraient croire que les fourmis ont un langage facile à comprendre : quelques naturalistes croient que ce langage s'opère au moyen des antennes, deux petites cornes mobiles que ces insectes, comme tous les autres, portent à leur tête. Une fourmi qui rentre, portant de la nourriture, frappe de ses antennes celles de ses compagnes qu'elle rencontre, pour les inviter à venir en prendre leur part; de son côté, la fourmi qui en a besoin arrête celles qui arrivent, pour demander ce qui lui revient.

On pense vulgairement que les fourmis font des magasins pour l'hiver : mais c'est une erreur, elles s'engourdissent pendant cette saison, et n'ont pas alors besoin de vivres.

Malgré toutes leurs brillantes qualités, les fourmis n'en sont pas moins des voisines fort désagréables pour nous : elles envahissent souvent nos maisons, et y attaquent toutes les provisions, surtout celles qui sont sucrées.

Les abeilles, au contraire, nous sont très-utiles, et ne se montrent pas moins intéressantes par leurs habitudes sociales. Que d'ordre dans leurs différentes fonctions ! que leur gouvernement est intéressant ! que d'art dans leurs ouvrages, et d'utilité dans leurs travaux ! Chaque société d'abeilles est composée d'une femelle unique ou d'une reine, de plusieurs mâles ou faux-bourdons, et d'un grand nombre de neutres ou abeilles ouvrières. La femelle, plus grosse que les autres, reçoit, de la part des ouvrières, des hommages et des soins empressés. Lorsqu'une ruche est trop pleine par suite de la naissance de nouvelles abeilles, une émigration devient nécessaire ; un certain nombre d'entre elles, ayant une reine à leur tête, abandonne l'habitation, et ce nouvel essaim ne tarde pas à s'arrêter sur une branche d'arbre ; là les abeilles forment une sorte de grappe, et se cramponnent les unes aux autres au moyen de leurs pattes ; bientôt quelques-unes s'en détachent ; les autres s'agitent alors, et toutes s'envolent vers une cavité de tronc d'arbre, de rocher ou de muraille, où elles vont établir leur colonie. Dès ce moment les ouvrières vont chercher dans la campagne un abondant butin ; les unes apportent une substance tenace dont elles enduisent les parois de la ruche ; d'autres commencent les constructions intérieures, et élèvent, avec une délicatesse et un fini admirable, les alvéoles ou petites loges destinées à contenir les œufs et à servir de magasins pour l'approvisionnement général : ces alvéoles sont faits avec la cire que l'insecte a composée de la poussière des étamines des fleurs : il a d'abord apporté cette poussière sur ses pattes de derrière ; il la mange et la dégorge ensuite sous une forme très-molle. Les alvéoles des mâles sont un peu plus grands que ceux des neutres ; mais les cellules des reines surpassent toutes les autres en grandeur et en magnificence.

Quant au miel, les abeilles le produisent en recueillant le suc contenu dans certaines glandes des fleurs ; elles avalent d'abord le suc, puis le dégorgent et le déposent dans les alvéoles. Le miel destiné à la nourriture journalière reste découvert et constamment à la disposition de toutes les abeilles ; mais elles ferment avec soin, par un couvercle de cire, celui qu'elles conservent pour l'hiver ; souvent, au lieu de déposer leur récolte dans une ellule, on voit quelques abeilles se rendre au quartier des travailleuses, et leur offrir leur miel en allongeant la trompe, afin qu'elles ne soient point obligées de quitter leurs travaux pour en aller chercher.

Comme les fourmis, les abeilles se livrent souvent des combats acharnés, elles se saisissent réciproquement les pattes, elles se tiennent corps à corps, elles pirouettent en cherchant à faire pénétrer dans le corps de leur rivale l'aiguillon empoisonné dont elles sont armées ; mais, si elles parviennent à le faire, malheur à elles-mêmes : privées de ce dard, elles tombent bientôt, mourant, victimes de leur victoire.

Pour profiter de leur doux miel et de leur cire, plus précieuse encore que le miel, l'homme a soumis ces intéressans insectes à un état domestique : il leur fabrique des demeures en osier, en paille et en liége, et trop souvent il les tue sans pitié afin de s'emparer plus facilement de toutes leurs richesses.

A côté de ces admirables animaux, nous en placerons d'autres bien moins industrieux, mais plus brillans : ce sont les libellules ou demoiselles, à la taille déliée, aux jolies couleurs, et qu'on voit planer gracieusement au-dessus des eaux et dans les allées bien ombragées. Sous leur gentille figure, elles cachent un instinct très-carnassier ; elles saisissent cruellement les insectes qui se trouvent sur leur passage, et, les portant à leur bouche avec leurs pattes robustes et velues, elles les dévorent en peu d'instans. — Les éphémères, qui vivent aussi aux bords des eaux, tirent leur nom de la brièveté de leur vie après qu'ils ont reçu leurs ailes ; plusieurs naissent après le coucher du soleil, et ne voient pas son lever ; quelques-unes résistent deux ou trois jours. Ces insectes sont d'une mollesse et d'une fragilité extrêmes. Il en éclot, dans le même temps, une abondance surprenante : on voit souvent, le matin, les bords des rivières couverts d'un tapis blanc formé de leurs cadavres amoncelés, et il n'en tombe pas moins dans l'eau : les pêcheurs les ont appelés la *manne des poissons*.

Il existe, dans l'Afrique occidentale, un insecte qui déploie une étonnante industrie : ce sont les termites, qu'on appelle aussi fourmis blanches, quoique ce ne soient pas des fourmis : on a vu de leurs édifices pyramidaux dont la hauteur allait à 16 pieds, et dont la base occupait un espace de plus de 100 pieds carrés. Malheur au voyageur imprudent qui porterait ses pas sur ce monticule habité !

Les fourmilions, qui ressemblent assez aux demoiselles, mais qui volent mal et très-lourdement, sont surtout curieux par les travaux de leur larve. Celle-ci se creuse dans le sable un trou en entonnoir, s'installe et se cache au fond ; et s'il passe quelque insecte au bord de ce précipice, il y roule et y est dévoré.

Les mantes, particulières aux pays chauds, sont des insectes très-carnassiers et très-voraces, qui se dévorent même entre eux ; elles ont des formes singulières, et sont regardées par quelques populations comme des animaux sacrés.

Les sauterelles tirent ce nom de ce qu'elles ont des pieds très-longs disposés pour le saut. En frottant leurs cuisses contre leurs ailes supérieures, elles font entendre un bruit assez fort, qu'on appelle chant. — Les criquets, qui leur ressemblent beaucoup, et auxquels on donne souvent aussi ce nom de sauterelles, sont communs surtout dans les pays chauds : lorsqu'ils ont pris leur vol, ils forment des masses compactes qui présentent quelquefois plus d'un quart de lieue de longueur, et qui obscurcissent l'air comme un nuage; ils détruisent en un instant tous les végétaux du pays où ils s'abattent, et souvent leurs cadavres amoncelés répandent ensuite des miasmes qui engendrent des maladies épidémiques. L'histoire a plusieurs fois signalé les malheurs causés par ces animaux dans certaines régions fertiles du nord de l'Afrique, de l'ouest de l'Asie et du sud de l'Europe; mais les habitans du désert regardent comme un bienfait du ciel l'arrivée des criquets, dont ils font un de leurs mets les plus recherchés.

Il existe un ordre d'insectes dont les deux ailes supérieures ressemblent à des étuis solides, sous lesquels les ailes inférieures se replient entièrement, quand l'animal est en repos. Tels sont les hannetons, qui paraissent en si grand nombre aux premiers jours du printemps, et dont l'enfance se fait un amusement souvent cruel; ils ne sont pas eux-mêmes innocens, comme on le croirait d'abord : ils causent dans nos plantations des dégâts incalculables; car, à l'état de larve, et sous la forme d'un ver blanc, ils rongent, pendant deux ou trois années consécutives, les racines tendres des plantes; devenus insectes parfaits, ils attaquent les feuilles, et dépouillent tout à fait les arbres. — Tels sont encore les bupreste ou richards, qui ont reçu ce dernier nom de la beauté et de l'éclat de leurs couleurs; — les charançons, les calabres, dont les larves causent de grands ravages en attaquant le blé ; — les capricornes, remarquables par leurs longues antennes ; — les cantharides, usitées en médecine pour les vésicatoires : ces dernières sont d'un vert métallique et brillant, et vivent principalement sur les frênes ; quand on veut les récolter, on étend des draps sous ces arbres, qu'on secoue fortement, et elles tombent à terre ; on les ramasse et on les jette dans le vinaigre pour les faire périr promptement. — Il faut encore distinguer, parmi les insectes à étui, les lampyres ou vers luisans, qui se font remarquer la nuit par la lueur phosphorique qu'ils répandent : dans nos climats, la femelle seule jouit de cette propriété, et elle demeure sur le sol parce qu'elle est généralement privée d'ailes ; mais, dans les pays chauds, les deux sexes sont ailés, et se montrent l'un et l'autre lumineux : ils présentent alors en l'air un charmant coup-d'œil.

Après les insectes, se présente la classe des *myriapodes* (1) ou *mille-pieds* : ces animaux tirent leur nom de leur grand nombre de pattes, qui s'élève quelquefois à trois cents paires. On les voit fuir la lumière et se glisser rapidement dans les endroits humides, sous les pierres, sous les vieux bois, dans les fumiers, ou dans les lieux sablonneux. Ces petits êtres résistent souvent d'une manière étonnante aux plus grandes mutilations : on a vu des fragmens postérieurs de leur corps remuer environ quinze jours après avoir été séparés de la partie

(1) Ce mot signifie en grec *dix mille pied*.

antérieure; quand on arrache la tête de l'un de ces animaux, on le voit aussitôt marcher dans le sens de la queue; si on lui enlève ensuite la queue, il n'a plus alors de direction bien déterminée; il s'avance tantôt d'avant en arrière, et tantôt d'arrière en avant. Il y a des myriapodes dont la morsure est vénéneuse : telles sont les scolopendres, dont la bouche est armée de deux crochets par où s'écoule une liqueur irritante.

Le vulgaire confond souvent avec les insectes la classe des *arakhnides*, qui s'en distinguent cependant par plusieurs traits bien marqués, entre autre par leurs pattes, qui sont au nombre de huit, tandis que les insectes n'en ont que six. On y trouve d'abord les araignées, qui inspirent toujours quelque répugnance par leur couleur sombre, leur corps velu, leurs grandes pattes, mais qui offrent aussi, par leurs mœurs, des sujets continuels d'attention et d'admiration. Avec quel art elles fabriquent leurs toiles délicates, formées des fils qu'elles tirent de petits mamelons placés sous la partie postérieure de leur ventre! Avec quelle adresse elles en font des cocons pour renfermer leurs œufs, ou disposent en filets redoutables pour prendre les insectes et les autres petits animaux dont elles se nourrissent!

Elles sont très-voraces, très-cruelles, et se dévorent même entre elles. Il est des contrées où les araignées atteignent une grosseur extraordinaire : aux îles Bermudes, elles font des toiles assez fortes pour arrêter les petits oiseaux. On a voulu tirer partie de ces soies si déliées, et l'on est parvenu, en effet, à en fabriquer des bas et des gants. Les araignées sont venimeuses, mais leur venin n'est dangereux que pour les êtres de leur taille : une mouche, par exemple, piquée par une araignée périt en quelques instans : mais un homme n'en éprouvera aucun accident, si ce n'est peut-être une légère enflûre, comme celle que produit une piqûre de cousin. On a cependant beaucoup parlé de la morsure funeste de la tarentule, espèce d'araigné de l'Italie méridionale; mais il paraît qu'on a fort exagéré le danger qu'elle présente. Le véritable inconvénient de ces petits animaux, c'est qu'ils établissent partout leurs demeures dans les nôtres, et qu'ils exigent un soin continuel pour qu'on puisse se débarrasser de leur présence. Tous, du reste, n'ont pas des teintes sombres : plusieurs sont, au contraire, ornées de couleurs très-jolies, beaucoup de personnes se sont plu à en apprivoiser, et s'en sont fait une compagnie qui leur est devenue chère; d'autres en mangent sans dégoût, et l'entomologiste Latreille a vu le célèbre astronome Lalande avaler de suite quatre grosses araignées.

Mais une arakhnide réellement redoutable, c'est le scorpion, qui n'habite que les pays chauds. A ses mandibules sont attachés des organes nommés palpes, qui s'allongent en forme de bras et se terminent en pinces. Il a une queue noueuse, armée d'un dard aigu, qui introduit dans la piqûre une liqueur très-vénéneuse.

C'est encore dans les arakhnides que se trouvent les acarus, cirons ou mites, animaux très-petits, qui se placent dans les fromages secs, dans la farine et d'autres alimens, dans les collections d'histoire naturelle, sur le corps même de l'homme; et quelques auteurs pensent que c'est une espèce d'acarus qui cause l'affreuse maladie nommée gale.

Nous arrivons à une classe d'animaux généralement beaucoup plus gros : ce sont les *crustacés*. Ils tirent leur nom d'un mot latin qui signifie *croûte* : presque tous, en effet, ont leur corps recouvert d'une espèce de croûte. Ils possèdent ordinairement un grand nombre de pattes. La plupart vivent dans l'eau, et ceux qui habitent sur le sol cherchent toujours des retraites humides et obscures.

Les crustacés comprennent plusieurs espèces dont on fait une grande consommation comme aliment : telles sont les écrevisses, qui ont une queue épaisse et allongée, servant de nageoire : au moyen de sa queue, en effet, l'animal donne des coups réitérés dans l'eau, et peut ainsi se mouvoir : mais, comme cette nageoire se dirige vers la tête, il en résulte que le corps va à reculons. On distingue deux sortes d'écrevisses; l'écrevisse commune ou d'eau douce, et l'écrevisse de mer, nommée aussi homard : cette dernière est beaucoup plus grosse que l'autre. Toutes deux sont des mets fort répandus : mais les salicoques sont les crustacés dont on fait la pêche la plus abondante sur nos côtes. On mange aussi les crabes, qui vivent dans la mer.

Les *annélites* forment une classe moins considérable, mais qui n'est pas sans importance. De tous les animaux sans vertèbres, ce sont les seuls qui aient le sang rouge; aussi, les appelle-t-on souvent *vers à sang rouge*. Tantôt ils ont pour s'aider, dans leurs mouvemens, des soies ou des faisceaux de poils raides et mobiles; tantôt ils ne peuvent que ramper. La plupart vivent dans l'eau, dans la vase, dans le sable humide ou la terre grasse; mais quelques-uns habitent des tubes calcaires, qu'ils se forment avec leur propre substance; il en est qui agglutinent, autour de leur corps, du sable, des débris de coquilles ou d'autres matières, et qui se forment ainsi des demeures d'où ils ne peuvent plus sortir.

Parmi les annélides munis de petites soies pour marcher, on remarque les lombries, ou vers de terre. Parmi ceux qui sont tout à fait privés d'organes locomoteurs, il faut nommer les sangsues, si utiles dans la médecine : leur bouche a trois petites dents, qui entament la peau des animaux dont elles tirent le sang pour se nourrir : à chacune de leurs deux extrémités, elles sont pourvues d'un disque au moyen duquel elles s'attachent sur les corps.

Mollusques.

Cette grande division tire son nom de la constitution toujours *molle* du corps de ces animaux : mais ce corps mou est ordinairement protégé par une coquille : cette coquille affecte souvent des formes gracieuses, ou se pare de belles couleurs et d'un émail brillant ; beaucoup de mollusques sont, en outre, précieux par leurs principes colorans ; d'autres offrent à l'homme un aliment utile ; mais ce qui rend surtout les mollusques importans aux yeux de la science, c'est qu'ils sont d'un grand secours pour l'étude des révolutions du globe : on trouve, en effet, dans beaucoup de terrains, de nombreux échantillons de coquilles que leur dureté a conservées jusqu'à nos jours, et qui sont autant de témoins des changemens que la surface de la terre a éprouvés.

Les mollusques vivent, les uns sur le sol, les autres dans l'eau. Ils offrent, en général, par leurs mœurs et leur instinct, bien moins d'intérêt que les animaux articulés, et surtout que les insectes : plusieurs peuvent à peine se mouvoir ; un grand nombre sont complètement privés de tête, et sans organes de la vision et de l'ouïe ; la plupart exsudent une matière muqueuse et gluante qui les rend désagréables au toucher. Mais beaucoup jouissent, dans les mers des pays chauds, d'une phosphorescence qui produit l'effet le plus magique : pendant le jour, ils ne donnent aucune lumière, mais, dès que la nuit est close, ils mêlent leur éclat à celui de mille autres animaux, et leurs réunions souvent innombrables contribuent beaucoup à la lumière dont les flots de l'océan semblent animés : cette lumière est ce qu'on appelle la *phosphorescence de la mer;* rien n'égale la beauté étrange d'un tel spectacle : tantôt la surface des eaux paraît brillante comme une étoffe d'argent; tantôt elle est comme couverte d'une nappe immense de soufre et de bitume embrasés; souvent on dirait que des jets de flammes étincelantes s'élancent au-dessus des ondes, et quelquefois il semble qu'on voit une vaste plaine de lait ou une mer de sang.

Une des plus importantes classes des mollusques est celle des *acéphales* ou des mollusques *sans tête.* La coquille dont ces animaux sont généralement enveloppés est à deux valves, c'est-à-dire à deux pièces mobiles, au moyen desquelles plusieurs se meuvent dans l'eau : car ils choquent le liquide avec ces valves, qu'ils ouvrent et ferment subitement : mais un grand nombre restent fixés aux rochers, ou aux différens corps marins, et, pour cela, quelques-uns possèdent des *byssus*, c'est-à-dire des paquets de filamens, qui servent à les attacher, comme les cables retiennent les navires au rivage. Un acéphale connu de tout le monde est l'huître; ce mollusque vit sur les côtes, à peu de profondeur au-dessous du niveau de la mer;

on le trouve attaché aux rochers, ou aux racines des arbres; quelquefois les huîtres se fixent les unes aux autres et forment ainsi des bancs fort épais et très-étendus, qui peuvent pendant longtemps fournir à une consommation énorme. Les meilleures huîtres sont celles d'Angleterre, d'Ostende, de Cancale, de Marennes; la Normandie en expédie d'immenses quantités à Paris. On les les pêche ordinairement au moyen d'une drague, instrument de fer, qui a la forme d'une pelle recourbée, et que l'on garnit d'une poche en cuir ou d'un filet; on l'attache à un bateau : celui-ci, poussé par le vent, entraîne la drague, qui amasse les huîtres au fond de la mer, comme le ferait un rateau; on recueille ainsi jusqu'à onze ou douze cents huîtres à la fois. L'huître ne devient bonne que quelque temps après qu'elle a été pêchée, c'est-à-dire qu'après avoir séjourné dans un parc, réservoir d'eau salée, de trois ou quatre pieds de profondeur, et qui communique avec la mer par un conduit.

L'intérieur du coquillage d'un autre acéphale, nommé aronde ou avicule, fournit la nacre de perle et les perles elles-mêmes : on pêche surtout les arondes aux perles dans le golfe Persique et dans celui de Manaar, sur les côtes méridionales de l'Asie. — On trouve aussi des perles dans certaines moules de rivières. — Les pinnes sont des acéphales marins, munis d'un byssus; ce byssus est fin comme de la soie, et on l'emploie en Calabre et en Sicile pour fabriquer des étoffes d'une beauté remarquable.

La classe des *gastéropodes* tire son nom, qui veut dire *pied-ventre* de ce que les mollusques qu'elle comprend se servent de leur ventre comme d'un pied ; ou, pour mieux dire, ils rampent sur un disque charnu placé sous le ventre : c'est à cette classe qu'appartiennent les escargots ou hélices, vulgairement appelés colimaçons. Malgré l'aspect peu attrayant de ces animaux, ils sont recherchés comme aliment dans beaucoup de pays ; les Romains en faisaient une grande consommation, et ils les élevaient dans des enclos disposés exprès. Ils sont, du reste, plus nuisibles qu'utiles, car ils causent de grands ravages dans nos jardins et nos vergers.

Les aplysies, ou lièvres marins, sont des gastéropodes qui se tiennent tapis sous des pierres ou dans des trous de rochers, et qui ont le pouvoir de répandre, à l'approche de leurs ennemis, une liqueur rougeâtre et nauséabonde ; aussitôt que l'eau est obscurcie et empoisonnée autour d'eux, et ils peuvent fuir sans danger.

C'est encore dans cette classe que se trouvent les pourpres, qui portent une vésicule remplie d'une liqueur colorante : celles qui habitent certaines parties de la Méditerranée servaient aux anciens à teindre les étoffes en *pourpre*.

Les gastéropodes aux plus jolies coquilles sont assurément les cyprées ou porcelaines, qui présentent une ouverture longue, étroite et dentée des deux côtés : ce sont des coquilles de ce genre qui, sous le nom de *cauris*, et mises dans de petits sacs, servent de monnaie dans quelques paries de l'Inde et de l'Afrique.

La classe des *céphalopodes* comprend des mollusques marins plus intéressans que les autres par leurs mœurs et leur conformation. Leur corps forme une espèce de sac, d'où sort une tête munie de deux gros yeux immobiles, et couronnée de longs membres, qui leur servent de pieds ou de bras. Ils nagent à reculons, et marchent, dans toutes les directions, la tête en bas, en s'appuyant sur ces espèces de pieds dont nous venons de parler : voilà pourquoi on les a appelés *céphalopodes*, c'est-à-dire ayant les *pieds à la tête*. Quand un ennemi les poursuit, ils répandent autour d'eux une liqueur noire qui trouble la transparence de l'eau, et ils ont ainsi le temps de s'enfuir : on croit que l'encre de Chine provient d'une liqueur de cette espèce. Tous les céphalopodes sont carnassiers, et plusieurs sont fort gros, très-voraces et doués d'une grande force : malheur aux animaux qu'ils étreignent de leurs bras puissans !

Il y a des céphalopodes qui ne sont pas enveloppés d'une coquille; telles sont les seiches ou sépias; mais elles ont du moins une sorte de coquille intérieure, renfermée dans leur dos : c'est cette matière qui est employée, sous le nom *d'os de seiche*, pour polir les corps peu durs. La liqueur que ces animaux répandent est fort usitée en peinture, et elle porte aussi le nom de sépia; la meilleure vient de la Méditerranée. — Les poulpes ressemblent assez aux sépias; mais ils n'ont que huit bras, tandis que celles-ci en ont dix.

Les calmars ou encornets sont des céphalopodes plus allongés que les précédens, et d'une forme plus légère; ils nagent avec une grande rapidité, et ils s'élancent parfois hors de l'eau comme une flèche : on en a vu qui, emportés par leur saut, se sont posés jusques sur les porte-haubans des navires. Ils donnent une encre employée avantageusement dans les arts, et ils offrent une abondante nourriture aux classes peu aisées qui habitent les bords de la mer.

Parmi les céphalopodes à coquille extérieure, il faut distinguer l'argonaute; sa tête est couronnée de huit pieds inégaux, dont les deux supérieurs, plus longs que les autres, sont élargis à leur extrémité; sa coquille, gracieuse et très-fragile, représente une espèce de nacelle, marquée de côtes saillantes. Cette frêle barque ne peut résister à l'agitation des flots, et elle ne s'élève du fond de la mer que dans les temps les plus calmes : parvenu à la surface de l'eau, l'animal introduit dans la coquille autant d'eau qu'il en faut pour lui servir de lest; il étend ses bras, s'en sert comme de rames et de balanciers à la fois, et vogue avec une facilité admirable; si un vent doux se fait sentir, il dresse perpendiculairement ses deux bras élargis, et ils lui tiennent lieu de voiles. Survient-il du mauvais temps ou un ennemi, aussitôt tous les instrumens de la navigation rentrent dans la coquille, et l'argonaute fait chavirer son bâtiment, qui se remplit d'eau, et s'enfonce dans les profondeurs de la mer. Les anciens poètes ont dit que les hommes étaient redevables des premiers principes de l'art de naviguer à cet intéressant mollusque.

ANIMAUX VERTÉBRÉS.

Les animaux vertébrés comprennent quatre grandes classes : les *poissons*, les *oiseaux*, les *reptiles* et les *mammifères*. Ce sont pour nous les classes les plus importantes, et nous devons à chacune un article détaillé.

Poissons.

Ces animaux ne vivent que dans l'eau. Leur sang est rouge, mais froid. Ils n'ont pas de voix, parce qu'ils sont privés de larynx : les organes de leur respiration se composent de lames ou de filets, disposés, en forme de peignes, aux deux côtés du cou : c'est ce qu'on appelle les *branchies* ou les *ouïes*. Leur fécondité est extraordinaire : on a compté dans une tanche quatre cent mille œufs, et dans une morue plus de neuf millions. A l'aide de leurs nageoires, les poissons se meuvent avec une rapidité souvent prodigieuse : quelques-uns pourraient faire le tour du globe en peu de semaines.

Au milieu de ces nombreux habitans des eaux, nommons-en d'abord quelques-uns qui se distinguent par leurs formes étranges. Dans les mers équinoxiales vivent les diodons, qui sont hérissés d'épines, et qui ont la faculté de se gonfler comme un ballon et de flotter alors à la surface de l'eau. — Là se trouvent aussi les coffres ou ostracions, qui ont la tête et le corps entièrement enveloppés dans une sorte de cuirasse d'une seule pièce, marquée de compartimens réguliers. — Les pégases sont de petits poissons de l'océan Indien, qui ont deux de leurs nageoires étalées en larges éventails.

Les saumons vivent dans presque toutes les mers ; mais ils remontent dans les rivières pour y déposer leur frai, c'est-à-dire leurs œufs. En s'avançant ainsi dans les cours d'eau, ils franchissent souvent des espaces qui paraissent cependant inabordables pour eux : on en trouve au-dessus de fort hautes cataractes. — Les truites, dont la chair est si estimée, ne sont que des espèces de saumons.

Les harengs ou culpes abondent dans toutes les mers du nord ; ils se tiennent habituellement dans la profondeur des eaux, mais ils en sortent par bandes innombrables, à diverses époques de l'année, pour venir déposer leur frai sur les côtes. Ils s'avancent alors par colonnes serrées, qui occupent plusieurs lieues d'étendue ; leur passage est indiqué aux pêcheurs par des troupes d'oiseaux de mer qui les suivent continuellement pour s'en nourrir ; il l'est aussi par un mouvement continuel de l'eau pendant le jour, et par une sorte de traînée de feu pendant la nuit. La pêche du hareng est une grande source de richesses pour beaucoup de populations maritimes, et la petite république des Hollandais lui a dû sa splendeur : c'est là qu'on a trouvé l'art précieux de saler et d'encaquer ce poisson, de manière à le conserver long-temps et à le rendre transportable au loin. On appelle *harengs saurs* ceux qui sont ainsi préparés. — La sardine l'anchois, dont on pêche de grandes quantités sur les côtes de Bretagne et dans la Méditerranée, sont compris dans la famille des harengs.

Tout le monde connaît les brochets, ces poissons voraces, mais à la chair délicate, répandus dans toutes les eaux douces de l'Europe. C'est dans la même famille que se trouve l'exocet, à la parure brillante, à l'éclat argentin, mais remarquable surtout parce qu'il peut voler à l'aide de deux de ses nageoires en forme d'ailes. Sa beauté lui est, du reste, bien fatale ; car elle ne sert qu'à le faire reconnaître par ses ennemis. Lorsqu'il se sent inquiété par eux, il abandonne, pour leur échapper, l'élément dans lequel il est né : il s'élève dans l'atmosphère, mais il ne peut y rester long-temps, et alors même il devient la proie des oiseaux carnassiers qui infestent la surface de l'océan, et qui, le distinguant de loin, tombent sur lui avec la rapidité de l'éclair. Veut-il chercher sa sûreté sur le pont des vaisseaux, dont il s'approche volontiers pendant son vol, il y trouve une fin non moins triste; car il a la chair excellente et le passager s'en empare avec joie.

Dans la nombreuse famille des cyprins, qui peuple les eaux douces, les carpes jouent le rôle principal. Parmi les carpes, la plus jolie, mais non la plus utile, est la dorade de la Chine, petit poisson qui acquiert avec l'âge une charmante couleur dorée; aussi fait-elle souvent l'ornement de nos bassins. — La même famille renferme la tanche, le goujon, l'ablette, très-recherchée pour la matière nacrée, appelée *essence d'Orient*, qui entoure la base de ses écailles, et avec laquelle on fabrique les fausses perles.

Il y a quelques poissons doués de la propriété de donner de fortes commotions électriques aux animaux qu'ils touchent : ils engourdissent ainsi, et font même souvent périr, par ces ébranlemens violens, les ennemis qui veulent les attaquer, ou la proie dont ils doivent se nourrir. Tel est le malaptérure ou silure électrique, qui se trouve dans le Nil et dans plusieurs autres fleuves d'Afrique. Les Arabes l'appellent *raach*, c'est-à-dire *tonnerre*, à cause de cette espèce de foudre dont il est armé. — Tel est encore le gymnote électrique, qui vit dans l'Amérique méridionale, et qui déploie une puissance peut-être plus redoutable encore que celle du malaptérure. Il diffère beaucoup des poissons précédens, et ressemble a l'anguille dont on lui donne quelquefois le nom. Le célèbre voyageur M. de Humboldt raconte pittoresquement une chasse aux gymnotes faite dans une mare, au moyen de chevaux et de mulets. « Les indiens, dit-il, avaient fait une sorte de battue de chevaux et de mulets, et, en les serrant de tous côtés, on les força d'entrer dans la mare. Je ne peindrai qu'imparfaitement le spectacle intéressant que nous offrit la lutte des anguilles contre les chevaux : les Indiens, munis de joncs très-longs et de harpons, se placent autour du bassin; quelques-uns d'eux montent sur les arbres dont les branches s'élèvent au-dessus de la surface de l'eau : tous empêchent, par leurs cris et la longueur de leur jonc, que les chevaux n'atteignent le rivage. Les anguilles, étourdies du bruit des chevaux, se défendent par la décharge réitérée de leurs batteries électriques. Pendant long-temps elles ont l'air de remporter la victoi e sur les chevaux et les mulets; partout on vit de ces derniers qui, étourdis par la fréquence et la force des coups électriques, disparurent sous l'eau; quelques chevaux se relevèrent, et, malgré la vigilance active des Indiens, gagnèrent le rivage, excédés de fatigue et les membres engourdis par la force des commotions. J'aurais désiré qu'un peintre habile eût pu saisir le moment où la scène était le plus animée. Ces groupes d'Indiens entourant le bassin; ces chevaux qui, la crinière hérissée, l'effroi et la douleur dans l'œil, veulent fuir l'orage qui les surprend; ces anguilles jaunâtres et livides, qui, semblables à de grands serpens aquatiques, nagent à la surface de l'eau, et poursuivent leur ennemi : tous ces objets offraient sans doute l'ensemble le plus pittoresque.... En moins de cinq minutes, deux chevaux étaient déjà noyés. L'anguille, ayant plus de cinq pieds de long, se glisse sous le ventre du cheval ou du mulet : elle fait dès lors une décharge dans dans toute l'étendue de son organe électrique. Privés de toute sensibilité, les chevaux disparaissent sous l'eau : les autres chevaux et les mulets leur passent sur le corps, et peu de minutes suffisent pour les faire périr. Après ce début, je craignais que cette chasse ne finit bien tragiquement. Je ne doutais pas de voir noyés peu à peu la plus grande partie des mulets et des chevaux; mais les Indiens nous assurèrent que la pêche serait bientôt terminée, et que ce n'est que le premier assaut des gymnotes qu'il faut redouter. En effet, les anguilles, après un certain temps, ressemblent à des batteries déchargées. Leur mouvement musculaire est encore également vif, mais elles n'ont plus la force de lancer des coups bien énergiques. Quand le combat eut duré un quart-d'heure, les mulets et les chevaux parurent moins effrayés; ils ne hérissaient plus la crinière; leur œil exprimait moins la douleur et l'épouvante; on n'en vit plus tomber à la renverse. Les anguilles, nageant à mi-corps hors de l'eau, et fuyant les chevaux au lieu de les attaquer, s'approchèrent elles-mêmes du rivage. Alors elles furent prises avec une grande facilité. On leur jeta de petits harpons attachés à des cordes. Par ce moyen, on les tira hors de l'eau. »

Une espèce d'anguille, nommée murène, est renommée pour la délicatesse de sa chair, et les anciens Romains dégénérés l'élevaient dans des viviers construits à grands frais sur les bords de la mer; César, lors de l'un de ses triomphes, en fit distribuer six mille à ses amis. Vedius Pollio, qui possédait un grand nombre de ces animaux, condamnait à être dévorés par eux des esclaves fautifs qu'il faisait jeter vivans dans la piscine.

Les *gàdes* sont une grande famille de poissons, à la quelle appartient la morue, objet d'une pêche immense : cet utile animal se tient ordinairement dans les profondeurs de l'océan : mais, pour déposer son frai, il se presse en foule vers les rivages. C'est surtout sur le banc de Terre-Neuve, dans l'Atlantique, qu'on voit pulluler les morues, au printemps, et c'est là que les pêcheurs européens se rendent alors avec de nombreuses embarcations : ils emportent des vivres pour plusieurs mois, ils se pourvoient de bois pour aider le desséchement des morues, de sel pour les conserver, de tonnes et de petits barils pour y renfermer les parties préparées de ces animaux; lorsqu'on est favorisé par le temps, et qu'on a bien choisi le rivage, quatre hommes suffisent pour prendre chaque jour cinq ou six cents morues. Ce poisson est d'autant plus précieux que sa chair se prête mieux que celle de la plupart des autres aux opérations propres à la conserver long-temps mangéable.

Le merlan, la lotte, sont encore des espèces de gades fort estimées pour leur chair.

On nomme *poissons plats* une famille de poissons dont le corps est très-déprimé, et qui ont leurs yeux et leurs narines du même côté de la tête : ils nagent dans une position oblique. Le turbot, la limande, la sole, en sont des exemples très-connus.

Les échénéis sont remarquables entre tous les poissons par un disque aplati qu'ils portent sur la tête : une espèce célèbre est le rémora, qui, au moyen de ce disque, s'attache avec force à la peau des plus grands poissons, ou s'accroche à la carène des vaisseaux.

Dans la famille des *percoïdes*, sont quelques-uns des meilleurs et des plus beaux poissons. Qui ne connaît la perche, un des alimens les plus estimés que nous offrent les eaux douces ? qui n'a entendu parler du rouget ou mulle, aussi renommé par la richesse de sa parure que par l'excellence de sa saveur ? Un rouge de pourpre règne sur son dos, et, se mêlant à des teintes argentines qui brillent sur ses côtés et sur son ventre, y forme des nuances très-agréables ; ses nageoires resplendissent de divers reflets d'or. Mais cette beauté a quelquefois condamné le mulle, chez les Romains, à toutes les angoisses d'une mort lente et douloureuse : Pline rapporte que ses compatriotes célèbres par leurs richesses, et abrutis par leurs débauches, mêlaient à leurs dégoûtantes orgies le plaisir de faire expirer entre leurs mains le rouget, afin de jouir de la variété des nuances pourpres qui se succédaient, depuis le rouge jusqu'au blanc pâle, à mesure que l'animal passait par tous les degrés de la diminution de la vie; le désir de ce spectacle cruel fit naître une telle fureur pour la possession des mulles, que les Romains construisaient à grands frais des appereils au moyen desquels les poissons arrivaient de leurs viviers jusque sur la table, dans des vases transparens, où ils cuisaient sous les yeux des convives. Ces poissons devinrent extrêmement chers dans ce temps de dépravation, et l'on cite un Asinius Celer qui acheta un mulle huit mille sesterces, c'est-à-dire environ 1,500 francs de notre monnaie.

On admire aussi les couleurs de l'holocentre : son dos et ses flancs offrent un beau rouge sur un fond d'argent, ce qui, sous certains aspects, produit l'effet des plus beaux rubis. Ce fond rouge est relevé de sept ou huit lignes dorées. Vers le bas viennent ensuite deux ou trois lignes argentées, et tout le dessous est d'un blanc d'argent.

Il existe dans l'Inde un poisson singulier nommé anabas ou sennal, qui peut vivre hors de l'eau pendant quelques temps : on le voit ramper sur la terre et grimper sur les arbres au moyen de ses nombreuses épines.

Les scombres sont des poissons de mer très-estimés, parmi lesquels on distingue les maquereaux et les thons. Ceux-ci parviennent à une grandeur considérable, et leur chair peut être facilement conservée; ils suivent fréquemment les vaisseaux durant de longs voyages. — Le pilote est un autre poisson qui accompagne avec non moins d'assiduité les vaisseaux, pour s'emparer de ce qui tombe; et, comme le requin a aussi cette habitude, on dit qu'il sert de *pilote* au requin : quelques observateurs prétendent qu'il est réellement le guide et le pourvoyeur de son vorace compagnon.

Les espadons ont un museau semblable à une lame d'épée; quoique ce soit un des plus grands et des plus forts poissons, il a des habitudes assez douces, et se contente généralement d'une nourriture végétale. Une espèce d'espadon connue sous le nom de voilier a les nageoires du dos très-élevées et formant une sorte de voile, avec laquelle le poisson prend le vent quand il nage à la surface de l'eau.

Les baudroies, ou raies pêcheresses, sont remarquables par la grosseur disproportionnée de leur tête hérissée d'épines, par leur large bouche armée de dents en crochet extrêmement pointues, et par les longs filets mobiles dont elle se sert pour tendre des embûches aux poissons plus petits.

Les labres ont une forme élégante, une grande variété de couleurs et une agilité extrême. Un des plus remarquables est le filou, curieux par l'extension qu'il peut donner à son museau, dont il fait subitement un tube pour saisir les petits poissons qui nagent à sa portée : il se trouve dans l'océan Indien. — C'est aussi dans la même mer qu'habitent les scares, ou poissons perroquets, qui brillent de couleurs charmantes.

Il est une famille de poissons qu'on appelle les *suceurs*, parce qu'ils ont la propriété de coller avec force le disque charnu de leur bouche contre les corps solides comme pour les sucer ; ils s'y fixent ainsi fortement. Leur corps est long, arrondi, dénué d'écailles, et assez semblable à celui d'un grand ver ou d'un serpent. Le principal de ces poissons est la lamproie, qui habite généralement dans la mer, mais qui entre au printemps dans les fleuves ; elle peut vivre assez long-temps hors de l'eau.

Les plus grands des poissons sont les squales, ou chiens de mer (1); leur peau, hérissée d'aspérités très-dures, est employée à polir diverses matières, et l'on en fabrique une espèce de chagrin, dont on revêt les boîtes et les gaînes. Le plus célèbre squale est le requin, connu par sa voracité et sa force : heureusement il ne se tient, en général,

(1) On verra plus loin que la baleine, qui est assurément beaucoup plus grosse que les squales n'appartient pas à la classe des poissons.

que dans les fonds de la haute mer. — La scie, qui a beaucoup de rapport avec le requin, est remarquable par son museau osseux, aplati et denté, avec lequel elle attaque la baleine elle-même.

Un autre poisson bien étrange de la même famille est la chimère, reconnaissable à la bizarrerie et à l'agilité de ses mouvemens, à la mobilité de sa queue très-longue et très-déliée, et à la manière dont elle remue les différentes parties de son museau, toutes souples et flexibles : sa queue rappelle la forme d'un reptile; sa tête et ses nageoires lui donnent quelque ressemblance avec un lion : voilà pourquoi on lui a donné le nom de l'animal que les anciens représentaient avec une tête de lion et une queue de serpent. On appelle la chimère *le roi des harengs :* elle poursuit et tyrannise sans cesse, en effet, les innombrables légions de harengs, au milieu des mers glacées où elle se plaît.

Les raies, moins redoutables, et plus utiles pour l'homme, ont le corps plat, arrondi, et terminé par une queue grêle. Parmi ces poissons, on distingue la raie bouclée, dont le corps est couvert d'un grand nombre de tubercules osseux, surmontés chacun d'une grosse épine. C'est aussi aux raies qu'appartient la torpille, célèbre, comme les gymnotes et les malaptérures, par les commotions électriques dont elle frappe ses ennemis.

Les esturgeons sont souvent aussi grands que les squales, auxquels ils ressemblent un peu; mais ils ont des inclinations plus paisibles, et leur bouelle ne présente, au lieu de dents, que des cartilages assez faibles. C'est un des poissons les plus estimés pour leur chair, et ils se trouvent dans toutes les mers et dans presque tous les grands fleuves, qu'ils remontent au printemps. C'est avec les œufs de l'esturgeon que les habitans de la Russie méridionale composent le caviar, préparation très-employée comme aliment ; et l'on fait de l'excellente *colle de poisson* avec sa vessie natatoire (1).

Reptiles.

Les reptiles tirent leur nom d'un mot latin qui signifie *ramper* : beaucoup d'entre eux, dépourvus de membres, ne se meuvent, en effet, qu'en *rampant*, et ceux mêmes qui possèdent des pattes les ont si courtes que leur ventre traîne à terre et qu'ils semblent ramper. Leur sang est rouge, mais froid. Ils sont au-dessus des poissons par leur organisation : car ils ont un larynx, et peuvent produire des cris. Quoiqu'ils respirent comme les autres animaux terrestres, ils jouissent de la faculté de plonger très-long-temps dans l'eau et de rester enfouis dans la vase ou dans des trous inaccessibles à l'air. Ils peuvent rester un temps

(1) Cette vessie, commune à la plupart des poissons, est pleine d'air, et susceptible de se dilater et de se comprimer : elle sert à les faire monter ou descendre dans l'eau.

considérable sans prendre de nourriture, et ils passent l'hiver dans un profond engourdissement. La propriété que la plupart ont de vivre aussi facilement dans l'eau que sur le sol leur a valu le nom d'*amphibies* (1).

Les reptiles sont supérieurs, pour les facultés intellectuelles, aux animaux que nous avons déjà vus, et leurs mœurs offrent beaucoup d'intérêt. Cependant ils inspirent généralement de la répugnance par leur physionomie souvent disgracieuse et à cause du venin violent que plusieurs possèdent dans des glandes situées sous l'œil.

On divise les reptiles en quatre ordres : les *batraciens*, les *serpents*, les *lézards* et les *tortues*.

Les *batraciens* sont soumis à des métamorphoses analogues à celles des insectes : ils font des œufs, disposés en longs chapelets, et d'où sortent des petits qui ont d'abord la forme de poissons; ces petits êtres, nommés têtards, vivent assez long-temps uniquement dans l'eau. Puis l'animal acquiert des pattes, et on le voit sortir de son élément liquide, et sauter ou marcher sur le sol; mais se tenant toujours dans les endroits humides, et rentrant fréquemment dans son premier séjour. Parmi les batraciens, on remarque les grenouilles qui nous importunent par leur bruyant coassement; les rainettes, qui peuvent grimper sur les arbres, et les crapauds, dont l'aspect est si repoussant : le corps

(1) Ce mot, tiré du grec, signifie *double vie*.

de ces derniers est couvert de pustules, d'où sort une humeur fétide : cependant ils ne sont pas venimeux, comme on le croit vulgairement. Ils sont même un des reptiles les moins nuisibles, quoiqu'ils lancent avec force leur urine sur les ennemis qui les attaquent. On les voit aussi alors gonfler prodigieusement leur ventre, mais c'est un simple effet de la peur, qui suspend leur respiration : cette accumulation de l'air dans leurs poumons les rend élastique comme une sorte de ballon, et leur permet de résister à des chocs assez forts.

Les crapauds sont les batraciens qui paraissent exister le plus facilement dans des trous, sans air et sans nourriture : on en a rencontré de vivans dans l'épaisseur de grosses pierres et au milieu de volumineux troncs d'arbres, où ils devaient être renfermés depuis bien des années. Un phénomène non moins étrange, ce sont les pluies de crapauds qu'on a souvent observées. On pourrait, en vérité, douter d'un fait aussi étonnant, et croire que c'est simplement par l'effet d'une pluie d'orage qu'éclosent sur le sol un grand nombre de ces animaux, si des observations certaines ne faisaient voir qu'ils tombent réellement des nues. Voici à ce sujet une relation aussi positive que curieuse : « J'étais, dit M. le professeur Pontus, dans la diligence d'Albi à Toulouse ; un nuage très-épais couvrit subitement l'horizon et le tonnerre se fit entendre avec éclat. Ce nuage creva sur la route à cent mètres du point où nous étions. Deux cavaliers qui revenaient de Toulouse, et qui se trouvaient exposés à l'orage, furent obligés de mettre leurs manteaux pour s'en garantir; mais ils furent bien surpris et même effrayés, lorsqu'ils se virent assaillis par une pluie de crapauds. Ils hâtèrent leur marche, et s'empressèrent, dès qu'ils eurent rencontré la diligence, de nous raconter ce qui venait de leur arriver. Je vis encore sur leurs manteaux de petits crapauds qu'ils firent tomber en les secouant devant nous. La diligence eut bientôt atteint le lieu où le nuage avait crevé, et c'est là que nous fûmes témoins d'un phénomène bien rare et bien extraordinaire. La grande route et tous les champs qui la longeaient à droite et à gauche étaient jonchés de crapauds; j'en vis jusqu'à trois ou quatre couches superposées les unes sur les autres. Les pieds des chevaux et les roues de la voiture en écrasèrent plusieurs milliers. Nous voyageâmes sur ce pavé vivant pendant un quart-d'heure au moins, les chevaux allant au trot. »

Le crapaud vient souvent élire son domicile jusque dans l'intérieur de nos maisons, dans les caves, dans les celliers. On a rapporté l'histoire d'un de ces animaux, qui, réfugié sous un escalier, s'était accoutumé à venir tous les soirs, aussitôt qu'il apercevait de la lumière, dans une salle à manger voisine : il se laissait prendre et placer sur une table, où on lui donnait des vers, des mouches et d'autres insectes; il semblait même, par son attitude, demander à être mis à sa place, lorsqu'on négligeait de l'y installer. Il vécut ainsi trente-six ans et mourut par suite d'un accident.

Les pipas, dans l'Amérique méridionale, ressemblent beaucoup aux crapauds ; ils sont célèbres par la manière dont ils élèvent leurs petits : ceux-ci vivent, à l'état de têtards, dans des cellules qui se creusent naturellement sur le dos de la mère.

Les animaux dont nous venons de parler sont privés de queue, et ne se meuvent sur le sol qu'en sautant : mais il y a d'autres batraciens qui possèdent une queue et qui s'avancent en marchant. Le plus remarquable est la salamandre, qui porte, sur les côtés, une rangée de verrues d'où suinte une liqueur laiteuse : on lui a attribué à tort la propriété de pouvoir vivre dans le feu. — Le triton, qu'on appelle aussi salamandre aquatique, est connu par la faculté étonnante qu'il a de reproduire les parties mutilées de son corps : on a vu ses membres, coupés, repousser plusieurs fois de suite.

Occupons-nous maintenant des *serpens*. Ce nom fait naître aussitôt des idées de crainte et de déplaisir. En effet, ce sont des reptiles souvent redoutables, et leur aspect a, en général, quelque chose de menaçant : leur gueule est très-fendue ; ils dardent avec vivacité leur langue divisée en plusieurs pointes; les yeux de la plupart, privés de paupières distinctes, paraissent fixes et étincelans; leur cri est un sifflement aigu ; ils enlacent avec force leur ennemi dans les replis de leur long corps ; enfin, plusieurs sont doués d'un venin terrible.

Les serpens venimeux sont des deux sortes : les uns font pénétrer leur venin dans la plaie, par le moyen de dents maxillaires fixes, et creusées en canal : telles sont les hydres, ou serpens d'eau ; on les voit dans les beaux jours sillonner en grand nombre la surface des mers équinoxiales, sans plonger profondément dans le liquide, et en élévant légèrement la tête au-dessus du niveau des lames.

On a beaucoup parlé, dans ces derniers temps, d'un serpent aquatique énorme qu'on a vu dans l'Atlantique, et qui paraissait offrir du danger aux vaisseaux ; mais on ne peut savoir encore s'il faut le placer parmi les hydres.

Les autres serpens venimeux ont, au lieu de dents, des crochets mobiles, en forme d'épine recourbée, et placés au bord extérieur de la mâchoire supérieure. Ces crochets sont percés d'un petit canal qui communique avec les glandes situées sous l'œil, et qui verse le venin dans la morsure ; l'animal peut à volonté les redresser, ou les cacher dans la gencive. Le plus redoutable des serpents de cette sorte est sans doute le crotale, ou serpent à sonnettes, qui habite dans l'Amérique septentrionale ; il porte, au bout de la queue, des grelots, ou plutôt des cornets écailleux, enfilés les uns dans les autres, et qui résonnent quand l'animal fait le plus petit mouvement. Sa morsure fait périr un homme en quelques minutes : on rapporte que Drake, propriétaire d'une ménagerie à Rouen, fut blessé à la main par un serpent à sonnettes ; il eut le courage de s'emporter le doigt d'un coup de hache, mais sans succès : au bout de quelques instans, il succomba aux efforts du venin. La subtilité de ce venin se conserve pendant un temps presque infini dans les corps où il a été introduit : voici un fait qui le prouve : un homme fut mordu à-travers ses bottes, et mourut ; ces bottes furent successivement vendues à deux personnes, qui succombèrent également ; et elles auraient sans doute produit encore d'autres victimes, si l'on ne s'était enfin aperçu que l'extrémité d'un crochet venimeux était restée engagée dans le cuir. Les crotales se tiennent dans les lieux marécageux, dans les broussailles; ils se nourrissent ordinairement de petits animaux, tels que les rats ou des oiseaux, qu'ils saisissent en s'élançant sur eux au moyen de leur corps roulé en spirale et dont ils développent les replis avec la force et la rapidité du trait ; mais ils rampent lourdement et lentement : aussi l'homme évite-t-il facilement leurs poursuites. D'ailleurs, on est prévenu de leur agression par le mouvement et le bruit de leur queue, qu'ils agitent quelques instans avant de s'élancer. Ces animaux paraissent susceptibles d'être influencés d'une manière singulière par le son d'instrumens à vent. M. de Châteaubriand raconté qu'un serpent à sonnettes, prêt à se précipiter furieux sur un jeune Canadien, s'apaisa tout-à-coup aux sons de la flûte de celui-ci; il se mit à ramper sur les traces du musicien, s'arrêtant lorsqu'il s'arrêtait, et commençant à le suivre aussitôt qu'il commençait à s'éloigner. On est même parvenu quelquefois à apprivoiser ces dangereux reptiles : un médecin de Nantes possédait, il y a quelques années, un crotale qui vivait absolument libre, et qui sortait de sa retraite aussitôt qu'on l'appelait, venait manger sur la table, sans s'effrayer des étrangers qui le regardaient, et sans chercher à nuire.

Les bongares, dont le venin a aussi une action très-prompte, habitent le sud de l'Asie.

Les élaps, répandus dans les parties équinoxiales de l'ancien et du nouveau Monde, sont d'autres serpens venimeux qui se distinguent par la variété et la vivacité de leurs couleurs.

Le serpent fil, dans l'Australie, est à peine long de huit ou dix pouces, et cependant il occasionne la mort en quelques instans. — L'acanthophis bourreau ou serpent noir, qui vit dans la même région, est également fort dangereux.

On donne le nom de vipères à un grand nombre de serpens venimeux qui diffèrent assez les uns des autres. La vipère commune, celle qui habite notre climat, se reconnaît à sa tête triangulaire couverte de petites écailles; et à sa couleur brune ou verdatre en dessus, ardoisée sous le ventre, avec une ligne noire en zig-zag sur le dos et une rangée de taches noires de chaque côté. — La vipère naja, qui habite l'Afrique et le sud de l'Asie, comprend deux variétés célèbres : l'une est l'aspic ou hajé, dont le nom rappelle la mort de Cléopâtre ; l'autre est la vipère à lunettes, ainsi appelée d'un trait noir qui, disposé au-dessus du cou, représente assez bien une paire de lunettes.

Les serpens non venimeux, plus nombreux que les autres, ne sont pas tous sans danger pour l'homme; car ils atteignent souvent une taille et une force qui les rendent redoutables : tels sont les boas, aussi remarquables par leur agilité que par la grandeur de leur corps, long quelquefois de plus de trente pieds. On les trouve dans les contrées équinoxiales. Ils se nourrissent de petits quadrupèdes, parfois même de gazelles, de chèvres, de biches, qu'ils avalent après leur avoir brisé les os dans leurs replis tortueux. Mais ils ont des habitudes apathiques, et demeurent fréquemment dans un engourdissement stupide, qui diminue le danger qu'ils peuvent offrir. On raconte que quatre-vingts soldats, marchant dans une épaisse forêt de la Guyane, montèrent l'un après l'autre sur une sorte d'élévation qui se trouvait sur leur route et qu'ils prirent pour un gros arbre tombé, mais qu'ils sentirent ensuite mouvoir sous leurs pieds : c'était un énorme boa ! On mange, dans quelques pays, la chair de ces serpens, et l'on tanne leur cuir pour en faire des selles et des bottes.

Les couleuvres, fort communes en Europe, sont d'autres serpens sans venin, et qui se distinguent par l'élégance de leurs formes et la vivacité de leurs couleurs. Au premier abord, on pourrait les prendre pour des vipères; mais, avec un peu d'attention, on les reconnaît à leur tête ovale et non triangulaire, et aux plaques doubles, ou rangées par paires, qu'elles ont au-dessus de la queue. La couleuvre la plus répandue dans nos climats est la couleuvre à collier, qu'on mange dans quelques lieux, sous le nom d'anguille de haies.

Nommons encore, parmi les serpens non venimeux, le tropinotus, qui vit à Java, et qui est orné des plus belles couleurs.

Les *lézards*, qu'on nomme encore *sauriens*, ont le corps très-allongé et porté sur des jambes fort basses, ordinairement au nombre de quatre : quelquefois cependant il n'y en a que deux.

Les plus grands sont les crocodiles, qui ne vivent que dans les pays chauds. Leur corps est couvert d'écailles osseuses, dont la réunion forme une sorte de cuirasse très-dure et très-épaisse. Leur vaste gueule est armée de dents nombreuses et fort longues, et ils ont un penchant cruel et carnassier; mais ils sont, en général, peu redoutables sur le sol, à cause de leur peu d'agilité; leurs mouvemens sont plus vifs et plus aisés dans l'eau. On distingue plusieurs espèces de crocodiles : il y a le crocodile du Nil, ou khampsès, reconnaissable à son museau déprimé et oblong, et aux crêtes dentelées placées sur la queue ; — le crocodile du Gange, ou gavial, dont le museau est grêle et très-allongé ; — le crocodile d'Amérique, appelé caïman ou alligator, et qui a le museau large et court.

Les crocodiles se mettent ordinairement en embuscade dans les roseaux, restant immobiles, la gueule largement béante ; cette cavité semble un corps inerte, près duquel ou sur lequel les animaux qui viennent se désaltérer aux eaux voisines croient pouvoir passer impunément : erreur fatale aux gazelles, aux chacals et à maint autre quadrupède.

Dans la chasse qu'on fait au crocodile, on a vu souvent des hommes hardis, et même des enfans, plonger dans l'eau près de l'animal, le gagner, monter sur son dos, lui passer un bâillon dans la gueule, et le diriger vers le rivage pour l'y tuer. On mange dans quelques lieux la chair de ce reptile, mais elle a une désagréable odeur de musc. Son cuir est quelquefois employé.

Les lézards proprement dits, qui se logent en si grand nombre dans les fentes des vieilles murailles, sont presque semblables aux crocodiles par leur forme générale ; mais leur petitesse, leur agilité, leurs mœurs inoffensives, les en distinguent suffisamment, sans parler des caractères scientifiques dont nous faisons grâce à nos lecteurs.

Les iguanes ont beaucoup de rapport avec les lézards proprement dits ; mais ils n'habitent que les régions chaudes, et ils portent une crête sur le dos ; sous leur gorge est un fanon ou goître denté comme une scie : ce sont de jolis animaux, fort innocens. — Les basilics ressemblent singulièrement aux iguanes : celui de la Guyane se distingue par une espèce de capuchon revêtu d'écailles, et d'environ un pouce de hauteur; il vit sur les arbres, et saute de branche en branche pour atteindre les petits fruits, les graines, les insectes.

Il existe, dans le midi de l'Asie, de petits lézards fort doux, qui s'appellent dragons : ce nom rappelle des monstres que l'imagination poétique des anciens se représentait avec un corps de serpent formant de longs et tortueux replis, avec des crêtes hérissées d'aiguillons, des serres ou des griffes menaçantes, des yeux étincelans, une gueule vomissant de la flamme, enfin avec des ailes figurées comme de grandes nageoires, et à l'aide desquelles ils fendaient précipitamment les airs. Les dragons véritables n'ont rien de tout cet aspect effrayant : ils possèdent seulement des espèces d'ailes ou de parachutes, formées par une extension de la peau des flancs : grâce à ces organes, l'animal se soutient facilement en l'air, lorsqu'il s'élance d'une branche à une autre. — Les chlamydosaures, dans la Nouvelle-Hollande, portent aussi un parachute ; mais il est plus près de la tête, et ressemble à une large collerette ou pélerine.

Les geckos sont de petits animaux inoffensifs, mais d'un aspect hideux, qui habitent les parties chaudes de l'ancien continent. Ils ont la tête et le ventre très-aplati; leurs doigts sont munis d'ongles aigus, au moyen desquels ils se cramponnent aux corps les plus lisses.

Enfin c'est encore parmi les lézards qu'on place les caméléons, petits animaux célèbres par leurs changemens de couleurs. Leur tête est triangulaire et quelquefois surmontée de trois cornes. Leur langue est gluante et longue, et il la dardent subitement sur les insectes dont ils se nourrissent. On les voit continuellement perchés sur des branches d'arbrisseaux ou sur des pierres, où ils restent immobiles durant des heures entières. Leur couleur est naturellement d'un vert grisâtre; mais elle change selon leurs passions et leurs besoins, et peut passer au jaune clair, au vert foncé rougeâtre et violacé, au brun et même au noir. Les yeux jouissent de la propriété de se mouvoir tout à fait indépendamment l'un de l'autre, et de se diriger même en sens opposé. Les caméléons n'habitent que les contrées chaudes de l'ancien continent. L'Espagne est le seul pays d'Europe où on les rencontre.

Les *tortues*, qu'on appelle aussi *chéloniens*, ont une apparence fort différente de celle des autres reptiles; leur corps, court et globuleux, est enfermé dans un double bouclier osseux qui ne laisse passer au dehors que la tête, le cou, la queue et les quatre pieds. Le bouclier de dessus se nomme carapace, et le bouclier de dessous, plastron; ils sont unis l'un à l'autre, en sorte que l'animal paraît être dans une coquille. Ces deux enveloppes sont recouvertes d'une écaille tantôt molle, tantôt solide, et qui se renouvelle de temps en temps. Les tortues sont très-vivaces, ont besoin de peu de nourriture, et peuvent passer des mois entiers et même des années sans manger. Leurs mouvemens sont extrêmement lents, et leur intelligence est très-bornée ; cependant elles se creusent des trous au moyen de leur tête et de leurs pieds de devant, pour se retirer pendant la mauvaise saison. Elles ont pour tout cri un léger sifflement. Ces animaux ne sont pas malfaisans, et la plupart offrent dans leur chair un aliment sain, et dans leur écaille une matière fort employée dans l'industrie.

Les plus grandes tortues sont les tortues de mer, qui ont les pieds étalés en nageoires, et qui vivent ordinairement par troupes dans les mers chaudes; elles ne viennent guère à terre que pour y déposer leurs œufs. On en voit dont la longueur est de sept ou huit pieds. L'espèce la plus multipliée des tortues de mer est celle qu'on appelle tortue franche, verte ou noire ; c'est aussi celle qui donne la chair et les œufs les plus estimés. — La tortue caret, tuilée ou bec à faucon, est aussi une espèce marine, qui a la teinte brune, marbrée de de taches rougeâtres et jaunâtres ; ce sont les plaques de sa carapace qui fournissent cette substance si recherchée sous le nom d'*écaille*. — La tortue à cuir, commune dans la Méditerranée, s'appelle aussi tortue luth, et tire ce nom de ce que les anciens avaient d'abord, dit-on, construit le luth avec sa carapace.

Il y a des tortues d'eau douce; elles se tiennent habituellement dans le voisinage des rivières ou des marais, et s'y élancent en sautant. Leur carapace n'est pas aussi épaisse ni aussi dure que celle des autres chéloniens.

Les tortues de terre se distinguent des autres par une carapace bombée, sous laquelle la tête et les pieds de l'animal peuvent se retirer entièrement, propriété dont ne jouissent pas les tortues aquatiques. Elles sont fort répandues dans tous les pays chauds : on en trouve en Grèce, en Italie, en Sardaigne, etc.

Oiseaux.

Voici une classe d'animaux plus agréable à étudier que la précédente. Leur plumage souvent élégant et gracieux, leurs chants variés et gais, nous font généralement aimer les oiseaux. Il semble même quelquefois que nous devions envier leur sort, quand nous les voyons parcourir en liberté les vastes espaces de l'air, se transporter rapidement d'un pays à un autre, et franchir avec facilité les lieux les plus inaccessibles pour nous. Mais il faut remarquer aussi qu'une foule de danger les menacent; car la plupart sont petits et faibles ; les autres animaux les poursuivent continuellement, et ils n'ont pas d'ennemi plus redoutable que l'homme lui-même, qui trouve dans leur chair un aliment agréable, et qui se plaît cruellement à les emprisonner pour jouir de plus près de leurs gentilles chansons, ou de leur belle parure, ou de l'admirable sollicitude avec laquelle ils se livrent à l'éducation de leurs petits.

On distribue les oiseaux en sept grandes divisions : les *palmipèdes* ou les *oiseaux nageurs;* les *échassiers;* les *brévipennes;* les *gallinacés;* les *oiseaux grimpeurs;* les *passereaux* et les *oiseaux de proie.*

Les *palmipèdes* ou *oiseaux nageurs* se reconnaissent surtout à leurs pieds très-courts, et palmés, c'est-à-dire qu'ils ont les doigts unis par une membrane, de manière à figurer une main ouverte (1). Cette disposition leur permet de nager facilement. Leur bec est généralement large et aplati ; leur plumage, très-serré, est imbibé d'un suc huileux qui le garantit contre l'humidité.

Les palmipèdes les plus extraordinaires sont assurément les manchots, qui habitent les mers du Sud. Leurs ailes, impropres au vol, sont très-petites, garnies de peu de plumes et assez semblables à des nageoires de poisson. Ils ont quelquefois jusqu'à quatre pieds de hauteur. Lorsqu'ils viennent sur la terre, on voit leurs groupes assez nombreux marcher droit, la tête élevée, et en files ré-

(1) En latin, *palma* signifie *main* ou *paume* de la main.

gulières : un voyageur les a comparés alors à une troupe d'enfans de chœur en camail. Aussitôt qu'ils s'aperçoivent qu'on cherche à les approcher, l'un d'eux donne le signal de la fuite ; ils se traînent sur le ventre pour éviter plus promptement les atteintes de l'ennemi, ils gagnent la mer et plongent à l'instant; mais si l'on parvient à leur couper la retraite, on les saisit facilement. Les manchots creusent la terre pour déposer leurs œufs et les faire éclore : ils font plutôt de véritables terriers que des nids, et ces trous sont très-profonds. Lorsqu'ils crient, on croit entendre un âne braire. — Les pingouins, dans les mers du Nord, ont beaucoup de rapport avec les manchots.

Les pétrels, ou oiseaux de tempête, qu'on rencontre partout sur l'océan, jouissent de la singulière propriété de courir sur les ondes, en frappant de leurs pieds avec une extrême vitesse la surface de l'eau.

Les mouettes ou goélands sont des palmipèdes voraces et criards, qui se tiennent en foule sur les rivages de toutes les mers.

Les bec-en-ciseaux, ou coupeurs d'eau, qu'on trouve sur les côtes orientales de l'Amérique, se distinguent de tous les oiseaux par la forme extraordinaire de leur bec, dont la mandibule supérieure est d'un tiers plus courte que l'inférieure.

Les albatros, qu'on appelle aussi moutons du Cap et vaisseaux de guerre, sont les plus grands et les plus massifs des oiseaux qui volent à la surface de l'océan; leurs ailes étendues ont jusqu'à dix et onze pieds. Ils habitent les mers méridionales, surtout celles qui avoisinent le cap de Bonne-Espérance. Malgré leur grande taille, malgré leur force et leur bec puissant, les albatros sont des oiseaux lâches, qui se laissent battre et poursuivre par des espèces beaucoup plus faibles, telles que les mouettes, auxquelles ils abandonnent leur butin plutôt que de le leur disputer. Ils se nourrissent principalement de poissons, et les avalent avec tant de gloutonnerie, qu'ils restent ensuite dans un état complet de stupidité, et qu'ils ne peuvent ni voler, ni fuir, à l'approche des barques qui les poursuivent. C'est à la surface même de la mer que ces oiseaux ont coutume de se reposer : ils peuvent y dormir, et passer ainsi des semaines, des mois entiers, sans voir la terre.

Les pélicans sont d'autres grands oiseaux aquatiques, mais ils se perchent aussi volontiers sur les arbres. Ils sont remarquables par le grand sac membraneux qu'ils portent sous leur long bec, et qui leur sert à tenir de l'eau ou du poisson en réserve.

Les cygnes, si admirables par leurs proportions nobles et élégantes, et qui nagent avec tant de grâce, aiment les contrées froides, et sont surtout nombreux en Islande. Leur blancheur éclatante est passée en proverbe; cependant on en trouve de noirs à la Nouvelle-Hollande.

Enfin, n'oublions pas, parmi les principaux

oiseaux nageurs, les oies et les canards, qui jouent un rôle si important dans nos basses-cours. Mais ces animaux se trouvent aussi en grand nombre à l'état sauvage; et alors ils habitent surtout dans les pays du nord, que les rigueurs de l'hiver les forcent cependant d'abandonner pour des climats plus doux. Il y a peu d'oiseaux aussi intelligens, aussi utiles que l'oie : toutefois on la dédaigne généralement, et, par une grossière injustice, son nom est devenu une épithète injurieuse. Quant aux canards, ils sont très-précieux par la finesse de leur duvet et par le bon aliment qu'ils fournissent. C'est dans la nombreuse race des canards qu'est compris l'eider, dont le duvet est connu sous le nom d'édredon : il recouvre de cette chaude matière son nid fait de fucus, et des hommes vont la chercher au péril de leur vie dans les fentes des rochers les plus escarpés. Cinq livres de ce duvet, qui forment, si on les tasse bien, une boule à peu près grosse comme les deux poings, peuvent, lorsqu'on les laisse libres occuper une espace deux mille fois plus grand, et remplir le matelas d'un lit ordinaire. — Le canard musqué ou de Barbarie, remarquable par sa grosseur et la beauté de son plumage, ne vient pas de la Barbarie, comme on pourrait le croire, mais de l'Amérique, où il existe encore sauvage.

Les *échassiers* sont des oiseaux qui fréquentent toujours les rivages de la mer ou des rivières, et qui ont reçu ce nom de la longueur démesurée de leurs pattes nues, semblables à de hautes échasses. La plupart exécutent de longs voyages périodiques. Mais, de tous les échassiers, la grue est celui qui entreprend les courses les plus lointaines, les plus hardies. Habitante du nord en été, elle vient s'abattre en automne dans nos pleines marécageuses, puis passe en hiver dans les contrées plus chaudes, pour revenir s'enfoncer dans les régions boréales au retour de la belle saison. Parmi les plus belles grues, il faut citer la demoiselle de Numidie, qui vit en Afrique, et qui doit son singulier nom à sa démarche élégante et dansante. La grue couronnée, qu'on appelle aussi oiseau royal, est plus belle encore : elle a le corps noir, les ailes blanches et la joue variée de deux plaques rouge et blanche; sa tête est surmontée d'une belle aigrette rougeâtre, qui représente une sorte de couronne. Elle a aussi l'Afrique pour patrie.

Les hérons, *au long bec emmanché d'un long cou* (1), sont des animaux tristes et solitaires; ils se tiennent sur le bord de l'eau, dans une attitude droite, le cou recourbé sur la poitrine, et la tête placée sur l'épaule et souvent en partie recouverte par les plumes : dans cette position, ils attendent leur proie et se précipitent sur elle aussitôt qu'elle paraît; ou bien, entrant en partie dans la vase, et plaçant leur bec entre leurs deux jambes, ils épient leur proie patiemment : si un poisson ou un petit

(1) La Fontaine.

reptile vient à passer, ils déploient leur long cou avec une rapidité extraordinaire, et percent la proie de leur bec. Lorsque, poursuivi par l'aigle ou par quelque autre grand oiseau de proie, le héron s'est élevé inutilement dans les plus hautes régions de l'air, on assure qu'il passe sa tête sous l'aile, et présente à son ennemi son bec fort et pointu, contre lequel celui-ci vient se percer dans l'impétuosité de son vol. Parmi les hérons, on distingue le butor, qui, caché dans les joncs au milieu des lacs, reste immobile pendant des heures entières, regardant autour de lui, dans la crainte d'être surpris. Son cri est effrayant.

L'agami est un échassier d'Amérique, qui n'habite que les lieux secs et élevés, malgré sa conformation d'oiseau de rivage; il se laisse facilement réduire en domesticité, et il y devient très-intéressant; il reconnaît son maître, et s'éprend pour lui d'une affection dont, en général, les oiseaux sont peu susceptibles; il s'afflige de son absence, et fête son retour par de brusques démonstrations de joie. Dans la basse-cour, il s'arroge bientôt un pouvoir absolu; dressé avec soin, il devient un guide et un défenseur intrépide pour les autres oiseaux domestiques, et même pour les moutons : il les conduit aux pâturages, les surveille, les ramène, et maintient l'ordre parmi eux.

Les cigognes sont encore un des plus intéressans échassiers; celles qu'on voit en Europe n'y passent que l'été, et se rendent, pendant l'hiver, en Afrique et en Asie. Au moment de changer de lieu, elles se rassemblent; toutes celles qui s'étaient établies dans la même contrée se recherchent. Lorsque la troupe est réunie, elle part à un signal donné, et se dirige vers le pays qu'elle a choisi.

Les flammants, qui habitent les contrées chaudes, sont remarquables par leur belle couleur rose, mêlée de rouge vif. La manière dont nichent ces oiseaux est fort curieuse : leurs longues jambes ne leur permettent pas de s'accroupir pour couver; ils élèvent, dans leurs marécages, de petites mottes de terre, et c'est sur le sommet concave de ces sortes de piliers qu'ils déposent leurs œufs.

L'ibis est un autre échassier des pays chauds; il a le bec arqué et très-allongé. L'espèce la plus célèbre est l'ibis sacré, vénéré des anciens Egyptiens, à cause des prétendus services qu'il leur rendait : il détruisait, disait-on, les serpens ailés et venimeux qui, tous les ans, au commencement du printemps, partaient de l'Arabie pour pénétrer en Egypte : l'ibis allait à leur rencontre, dans un défilé où ils étaient forcés de passer, et là il les attaquait et les détruisait tous : mais c'est évidemment une fable, et un savant estimable pense que cet oiseau n'a été l'objet de tant de respect en Egypte que parce que son apparition dans cette contrée annonçait l'heureux événement du débordement du Nil. On le regardait comme une divinité, on l'élevait dans les temples, on le laissait errer librement dans les villes, on punissait de mort celui qui en aurait tué un ; enfin on l'embaumait avec soin ; et plusieurs momies en ont été conservées jusqu'à nos jours.

Les bécasses et les bécassines, au bec très-long aussi, mais droit, aiment les pays du nord. — Les bécasseaux se tiennent à peu près dans les mêmes climats : on distingue, parmi eux les singuliers paons de mer, ou combattans, remarquables par leurs habitudes et leur apparence belliqueuse, et par les longues plumes qui forment sur leur poitrine et leur cou une sorte de bouclier. — Le savacou, propre à l'Amérique méridionale, est curieux par la bizarrerie de son large bec formant deux cuillers appliquées l'une contre l'autre.

Le kamichi ou chavaria, qui se plaît dans les marécages de l'Amérique méridionale, porte sur la tête une espèce de corne toute droite, et aux ailes une paire d'éperons : sa voix est forte, retentissante, et a quelque chose de terrible. Malgré tout cet appareil effrayant, c'est un oiseau doux et paisible.

Nommons encore, parmi les échassiers, les râles, répandus partout, fort bons à manger, et dont une espèce est vulgairemont nommée le roi des cailles, quoiqu'il ne ressemble pas à une caille.

On nomme *brévipennes*, c'est-à-dire *ailes courtes*, des oiseaux qui n'ont que des ailes fort peu développées, et qui, incapables de voler, courent du moins extrêmement vite, à l'aide de ces mêmes ailes. Le principal est l'autruche, qu'on distingue en deux espèces : l'autruche d'Afrique, et l'autruche d'Amérique. L'autruche d'Afrique vit en troupe dans les déserts sabloneux de l'Afrique et de l'Arabie : elle n'a que deux doigts à chaque pied, sa tête est chauve, et sa taille s'élève quelquefois jusqu'à huit pieds. Les Arabes l'ont surnommée *oiseau chameau*, à cause de la conformité de ses pieds avec ceux du chameau, et parce que sa démarche a quelque chose qui rappelle l'idée de ce quadrupède; ils s'en servent quelquefois comme de monture. On la chasse pour sa chair, sa graisse, ses œufs, pour son cuir très-épais, pour les longues et belles plumes qui ornent sa queue et ses ailes, et dont nos dames se parent à leur tour. — L'autruche d'Amérique, appelée aussi nandou, et répandue surtout dans la Patagonie, se distingue de l'autre par sa taille moins élevée, sa tête garnie de plumes et les trois doigts de ses pieds ; son plumage est moins beau.

Les autruches se nourrissent généralement de végétaux : mais, pour satisfaire leur faim dévorante, elles mangent souvent tout ce qu'elles trouvent : on en a vu qui avalaient du fer, du cuivre, des pièces de monnaie ; quelquefois elles sont victimes de leur gloutonnerie. Les œufs de ces animaux pèsent jusqu'à deux ou trois livres ; leur coque est très-dure et peut servir de vase.

Le casoar a du rapport avec les autruches. Cependant il en diffère par des ailes beaucoup plus courtes et totalement inutiles à la course, par des plumes dont les barbes ressemblent de loin à du poil et à des crins tombans, enfin par un casque osseux dont sa tête est surmontée : c'est un oiseau stupide et glouton. On le trouve dans le sud-est de l'Asie et de l'Océanie.

Les *gallinacés* tirent leur nom du mot latin *gallina* qui signifie poule : la poule en effet, et la plupart de nos autres oiseaux de basse-cour sont compris dans cette division intéressante. Les dindons, originaires de l'Amérique septentrionale, en font partie; de même que les paons, originaires de l'Inde, et si remarquables par l'aigrette de plumes élégantes qui couronne leur tête, et par les yeux brillans qui sont peints sur les plumes de leur longue queue.

Les monauls ou lophophores et les éperonniers, ornés de couleurs très-variées et très éclatantes, et répandus dans le sud de l'Asie, appartiennent aussi à cet ordre d'oiseaux.

Les faisans, plus répandus, sont d'autres gallinacés : ils sont originaires de l'Asie, mais aujourd'hui sont communs en Europe : cependant c'est toujours dans ces contrées lointaines, et particulièrement en Chine, qu'il faut aller chercher le faisan doré et le faisan argenté, deux des plus magnifiques oiseaux. On comprend encore ordinairement parmi les faisans le luen ou argus, dmirable par les yeux marqués sur toute l'étendue de ses ailes et de sa queue : il se trouve dans le sud-est de l'Asie.

Les pintades, qui n'offrent pas à beaucoup près un aussi bel aspect, sont plus utiles : elles peuplent avantageusement les basses-cours des colonies équinoxiales; elles ont sur la tête une petite proéminence osseuse en forme de casque.

Plusieurs gallinacés sont *pulvérulateurs*, c'est-à-dire se plaisent à se rouler dans le sable ou dans la poussière : tels sont surtout les tétras, les perdrix, les cailles, tous remarquables par une chair très-estimée.

Nommons encore parmi les gallinacés, les pigeons ou colombes, qui ne sont pas moins les intéressans.

Dans l'ordre d'oiseaux qu'on appelle *grimpeurs*, les pieds ont deux doigts en avant et deux en arrière, ce qui donne à ces animaux une grande facilité pour s'accrocher aux branches et grimper sur les arbres. Tels sont les pics, dont le bec très-long est propre à fendre l'écorce des arbres, pour y chercher les vers et les insectes, ils se cramponnent aux troncs, et les parcourent de bas en haut : une des espèces les plus connues est le pic-vert, nommé par abréviation pivert. — Un autre grimpeur célèbre est le coucou, qui se divise en une foule d'espèces, presque toutes remarquables par la beauté de leur plumage. Le coucou ordinaire, celui qui arrive dans nos bois au printemps et fait entendre au loin son cri monotone, est célèbre par sa singulière habitude de pondre dans des nids étrangers et de laisser à d'autres oiseaux le soin d'élever ses petits. Le coucou indicateur, dans le midi de l'Afrique, est curieux par son instinct d'indiquer aux hommes les nids d'abeilles sauvages : les Hottentots se guident généralement d'après lui pour aller à la recherche des ruches, et, lorsqu'ils les ont découvertes, ils laissent à leur conducteur quelques morceaux de miel pour récompense.

Il faut nommer encore, dans l'ordre des grimpeurs, les jacamars, oiseaux d'Amérique, remarquables par leur belle couleur émeraude ; — les couroucous, qui ont aussi un plumage élégant, et qu'on trouve dans la plupart des régions équinoxiales ; — les toucans, reconnaissables à leur énorme bec, et propres à l'Amérique méridionale.

Mais les oiseaux les plus intéressans de cet ordre sont assurément les perroquets : la beauté de leur plumage, leur facilité à imiter la voix humaine et la plupart des autres sons, les font rechercher, et on en élève dans la plupart des contrées de l'Europe, quoique la zone torride soit leur patrie. Le plus docile des perroquets est le kakatoès, remarquable par sa belle couleur blanche, et par la jolie huppe dont sa tête est surmontée : on le trouve dans le midi de l'Asie et dans l'Océanie. L'espèce qui apprend le plus aisément à parler est le jaco, ou perroquet cendré, qui habite l'Afrique. Les plus grands et les plus magnifiques de tous sont les aras, qui vivent en Amérique.

Un grimpeur, célèbre par ses habitudes sociales, est l'ani, qui habite les contrées les plus chaudes de l'Amérique méridionale. Sa vie tout entière se passe dans la famille qui l'a vu naître : sans cesse réunis en une société, les anis travaillent de concert à leur bonheur commun.

Des sept divisions des oiseaux, la plus nombreuse est celle des *passereaux*. Au milieu de ce grand nombre d'oiseaux, citons d'abord les tangaras, qui se distinguent par la richesse éclatante de leur plumage, et dont quelques uns ont reçu le nom de cardinaux : ils habitent l'Amérique. — Dans le même pays se trouvent les cotingas, qui ont aussi des couleurs très-brillantes. — Les drongos, dans l'Inde, sont d'autres oiseaux superbes : ils sont noirs ; et ont la queue terminée par deux longs brins; ils joignent à leur belle parure un ramage harmonieux.

Les pies grièches, répandues dans toutes les parties du globe, sont petites, mais armées d'un bec très-fort, et remarquables par leur caractère fier et courageux, et par leur voracité.

C'est aux passereaux qu'appartiennent les merles, les grives, les loriots, si communs en Europe. Le loriot prince-régent, dans le sud de l'Océanie, est un des plus beaux oiseaux qu'on puisse voir.

C'est parmi les merles que l'on place le moqueur, oiseau américain, célèbre par son chant varié et agréable, et par son singulier talent de contrefaire toutes sortes de cris et de ramages ; mais, bien loin de rendre ridicules les chants étrangers qu'il répète, il paraît ne les imiter que pour les embellir. Les sauvages lui ont donné un nom qui signifie *quatre cents langues*. On le considère comme le premier des oiseaux chanteurs : il chante non-seulement avec goût, sans paraître se répéter, mais encore avec action, avec âme, et il semble que les diverses passions qui l'affectent aient un ton particulier.

Les jaseurs sont de jolis passereaux, dont la tête est surmontée d'une huppe. On les trouve par bandes nombreuses en Europe et en Amérique.

Dans la Nouvelle-Hollande, on rencontre les lyres ou ménures, remarquables par la beauté de leur longue queue, dont les plumes extérieures sont courbées comme les branches d'une lyre.

On appelle *bec-fins* des oiseaux fort communs en France, et caractérisés par leur bec en forme d'alène, par leur petite taille, la mélodie de leurs chants : plusieurs ne sont intéressans que par la délicatesse de leur chair. Tous sont migrateurs, c'est-à-dire arrivent avec le printemps, et repartent en automne. Le plus célèbre est le rossignol, qui nous charme par son ramage délicieux. Le rouge-gorge et le roitelet, les plus petits oiseaux de nos climats, la fauvette, l'excellent bec-figue, sont d'autres becs-fins fort connus de mes lecteurs.

Parlons maintenant de l'hirondelle. Tout le monde doit aimer cet oiseau intéressant, qui semble nous aimer lui-même, et que nous voyons rechercher avec tant d'empressement nos habitations. Comme nous saluons avec plaisir son joyeux retour au printemps ! Son vol gracieux et rapide nous plaît; mais nous admirons surtout ses mœurs charmantes. La tendresse que les hirondelles montrent pour leurs petits est extrême ; elles ne les quittent que lorsqu'ils peuvent entièrement se passer de leurs soins. Quelle sollicitude dans l'instruction qu'elles leur donnent pour les exciter à prendre leur vol, ou pour leur faire acquérir les moyens d'échapper aux oiseaux de proie, ou pour leur inspirer une ardeur guerrière ! Elles montrent un penchant remarquable pour l'association : lorsqu'une d'elles a besoin de secours, ses compagnes arrivent en foule et viennent aussitôt lui prêter leur appui. Enfin, ce qui est le plus admirable dans l'histoire de ces oiseaux, ce sont les grands voyages qu'ils exécutent périodiquement, même à travers de vastes mers. Quel est l'instinct miraculeux qui leur fait retrouver avec précision le lieu qu'ils habitèrent l'année précédente, et le nid qu'ils construisirent avec tant d'art ? Ajoutons que les hirondelles, en détruisant d'innombrables insectes nuisibles, nous rendent des services très-importans, et qu'elles ne nuisent en rien à nos récoltes, comme beaucoup d'autres passereaux ; c'est donc par une odieuse ingratitude et par une coupable barbarie qu'on tourmente et qu'on chasse quelquefois ces animaux si dignes d'être épargnés. — Il existe dans le sud-est de l'Asie une petite hirondelle nommée salangane, qui construit son nid dans les rochers des bords de la mer. Les nids de salangane sont faits d'une manière transparente et assez semblable à la colle de poisson : ils sont un aliment fort recherché des Chinois.

Les passereaux comprennent encore les alouettes, les mésanges au joli plumage ; les bruants, dont une espèce est l'ortolan, célèbre par la délicatesse de sa chair, et commun dans le midi de l'Europe ; les moineaux, importuns et nuisibles ; les pinsons, au chant gai ; les chardonnerets, ornés de si jolies couleurs ; les bouvreuils, également très-bien parés. Mais ils sont loin d'égaler la richesse du plumage des oiseaux de paradis ou des paradisiers, qui habitent la Nouvelle-Guinée et les îles voisines.

Les tisserins, en Afrique, sont des passereaux qui tissent habilement des fils pour la construction de leurs nids.

Les serins, qui rivalisent avec le rossignol par leur chant, se rencontrent à l'état sauvage dans le nord de l'Afrique et le midi de l'Europe : la plus grande espèce de serin est le canari, qui paraît originaire des îles Canaries.

Les corbeaux sont les plus gros passereaux de l'Europe ; ils sont voraces et destructeurs, mais intelligens et fins, et ils apprennent facilement à parler. C'est une propriété qu'on rencontre aussi dans le geai et la pie, répandus partout.

Le céphaloptère, dans l'Amérique méridionale, porte sur la tête une huppe très-élevée qui ressemble à une aile.

Les huppes sont remarquables aussi par une belle aigrette qu'elles ont sur la tête : celles qu'on voit en Europe n'y passent que la belle saison.

Les plus petits des passereaux et même de tous les oiseaux, ce sont les colibris, admirables par l'éclat métallique de leur charmant plumage. Ils ne vivent que dans les parties chaudes de l'Amérique; on les voit voltiger de fleur en fleur pour en sucer le nectar. On en distingue deux sortes : les vrais colibris, dont le bec est recourbé, et les oiseaux-mouches, dont le bec est droit.

Les martins-pêcheurs ou alcyons sont parés de couleurs élégantes; ils se nourrissent de poissons, qu'ils saisissent en plongeant.

Parmi les plus gros passereaux, il faut placer les calaos, qui ont un bec très-volumineux et souvent surmonté d'une énorme proéminence arquée.

Il me reste à parler des *oiseaux de proie* ou des *oiseaux rapaces*. Leur apparence a quelque chose de redoutable : leur bec est très-dur, très-fort, et présente une pointe aiguë qui se recourbe en bas. Leurs pieds nerveux sont armés d'ongles crochus, qu'ils peuvent avancer ou retirer à volonté. Tous vivent de chair, et ils attaquent sans cesse les autres oiseaux, les petits quadrupèdes, les reptiles, etc.

On divise les oiseaux de proie en *diurnes* et *nocturnes;* car les uns chassent pendant le jour, les autres ne se mettent en mouvement que la nuit.

Parmi les premiers, se présente d'abord la nombreuse race des vautours; la nudité de leur tête et d'une partie de leur cou ajoute encore à leur physionomie farouche. Du reste, ils attaquent rarement la proie vivante : ils se nourrissent ordinairement de corps morts et corrompus. Le grand vautour des Andes, ou le condor, est de tous les oiseaux celui qui s'élève le plus haut dans les airs. — Le roi des vautours, ou l'irubi, qui vit en Amérique, est remarquable par les caroncules ou les chairs diversement colorées de sa tête et de son cou. — Les cathartes, autres vautours d'Amérique, sont moins forts que ceux-là et très-familiers : on les voit en foule dans les villes, où on les laisse errer paisiblement, parce qu'ils enlèvent une grande quantité d'immondices.

Les gypaètes ou griffons ont beaucoup de rapport avec les vautours; ils s'en distinguent cependant par leur tête couverte de plumes; des soies raides forment une forte barbe sous leur bec. Un des plus communs est le gypaète des Alpes, qu'on appelle aussi vautour des agneaux, parce qu'il s'empare souvent de ces petits quadrupèdes.

Les faucons sont un genre très-considérable, dans lequel on réunit beaucoup d'oiseaux rapaces; d'apparences assez diverses, mais qui tous du moins ont pour caractère général une tête et un cou couverts de plumes. On y distingue les faucons proprement dits, animaux d'un courage et d'une force remarquables, et dont on s'est servi longtemps pour aller à la chasse des autres oiseaux ; — les aigles qui sont les plus puissans des oiseaux de proie, et qui vivent sur les rochers escarpés des grandes chaînes de montagnes ; — les autours, beaucoup moins gros, et qui se divisent en autours proprement dits et en éperviers ; — les milans ; — les buses, à l'air stupide.—C'est dans cette grande division que se trouvent encore les messagers ou secrétaires, ornés d'une huppe derrière le cou, portés sur de longs pieds, et offrant toujours la démarche d'un messager pressé.

Quant aux oiseaux de proie nocturnes, ils diffèrent de tous les autres oiseaux, et se rapprochent des mammifères par leur tête grosse et arrondie, par leurs grands yeux dirigés tous deux en avant et entourés d'un cercle de plumes effilées. Leur tête est très-plumeuse ; leurs pieds mêmes sont souvent emplumés jusqu'aux ongles. Ils aiment les lieux inhabités, les vastes forêts, et se tiennent cachés pendant le jour dans des retraites inaccessibles aux rayons du soleil : ils n'en sortent que la nuit, ou pendant les crépuscules, pour aller chasser. Les ducs sont les plus grands de ces oiseaux. On y remarque aussi les chats-huants, les chouettes, les hiboux.

Mammifères.

Voici la dernière classe d'animaux que nous avons à décrire; mais c'est la première par son intelligence et par son importance dans la nature. Les mammifères font des petits vivans, et non des œufs; ils ont des mamelles pour les allaiter; leurs membres sont façonnés en mains, ou en pieds, ou en ailes, ou en nageoires: aussi distingue-t-on des mammifères terrestres, volants et aquatiques; quelques-uns sont amphibies. La plupart sont des quadrupèdes, c'est-à-dire ont quatre pieds; plusieurs sont quadrumanes, c'est-à-dire à quatre mains; enfin il y en a de bimanes ou à deux mains.

On a divisé les mammifères en neuf grands ordres: les *cétacés*, les *ruminants*, les *pachydermes*, les *édentés*, les *rongeurs*, les *didelpes*, les *carnassiers*, les *quadrumanes* et les *bimanes*.

Les *cétacés* ont un extérieur assez semblable à celui des poissons, et ils sont, comme eux, habitans des eaux, mais leur organisation est réellement celle des mammifères; ils ont, comme tous les autres animaux de cette classe, un sang chaud; des poumons, une voix, des mamelles pour l'allaitement de leurs petits. Ils sont forcés de venir fréquemment à la surface de l'eau pour respirer.

Leur tête est généralement énorme, et constitue quelquefois le tiers de toute la longueur de l'animal. Au fond de leur gueule s'offre souvent un appareil particulier, au moyen duquel l'eau engloutie, en même temps que la proie, dans cette énorme cavité, est rejetée avec force par les narines, dont l'ouverture supérieure a reçu le nom d'évent. Cette eau sortant avec bruit, forme quelquefois un jet de 15 à 20 pieds de haut. Il faut aussi remarquer que la queue de ces animaux n'est pas verticale, comme celle des poissons, mais horizontale.

Les cétacés comprennent les plus grands de tous les animaux. Le plus célèbre est la baleine, qui atteint souvent 75 et 80 pieds de longueur, et dont le poids va jusqu'à 300,000 livres. Cet énorme animal n'a pas de dents proprement dites; mais les deux côtés de sa mâchoire supérieure sont garnis de fanons, espèces de lames cornées, au nombre de huit ou neuf cents; l'eau peut s'écouler entre les fanons, mais ils retiennent les petits animaux et les plantes marines dont la baleine se nourrit : ce sont ces parties qu'on emploie à une foule d'usages sous le nom de *baleines*. Un autre produit important que ce cétacé fournit à l'industrie, c'est l'huile abondante qu'on en retire. Enfin sa chair n'est pas dédaignée de quelques peuples maritimes, et ses grands os leur servent à construire leurs cabanes.

La pêche des baleines se fait surtout dans les

mers du nord, vers le Groenland et le Spitzberg, et dans les mers australes, principalement aux environs du cap de Bonne-Espérance et vers l'Amérique méridionale. Elle est accompagnée souvent de grands dangers : plusieurs fois les barques montées par les hommes qui jettent un harpon au cétacé ont été frappées par l'animal et brisées en éclats. On rapporte que la chaloupe d'un baleinier Jacques Wienkes fut ainsi soulevée rudement et brisée par une baleine : Wienkes retomba sur le dos de celle-ci ; sans se déconcerter, et malgré une blessure grave qu'il s'était faite à la jambe en retombant avec les éclats de la chaloupe, il harponna, avec son fer qu'il n'avait pas abandonné, la baleine qui l'emportait ; il se mit ensuite à la nage, et fut rejoint par les barques de ses compagnons. On a vu des indigènes américains gagner la baleine à la nage, lui enfoncer à coups de maillet une forte cheville de bois dans l'un des évents, plonger avec elle; et, lorsqu'elle reparaissait, répéter la même manœuvre sur l'autre évent; le cétacé, suffoqué par le défaut de respiration, engloutissait une immense quantité d'eau, et expirait enfin asphyxié.]

Les cachalots atteignent souvent la grandeur des baleines; et leur instinct est plus féroce. Leur tête énorme fait quelquefois la moitié de la dimension de tout le corps, et contient dans les grandes cavités de sa partie supérieure, une sorte d'huile figée connue sous le nom de *blanc de baleine* et employée pour faire des bougies. La substance odorante qu'on appelle ambre gris paraît être produite par ces animaux. Leur natation est extrêmement rapide. Ils voyagent par troupes immenses : on en rencontre, dans le Grand Océan, des bandes qui occupent des espaces de quinze ou vingt lieues, et ils poussent d'effroyables mugissemens au milieu du combat.

Les narhvals ont aussi une natation d'une vitesse extraordinaire. Leur gueule est armée de deux longues défenses droites et pointues ; ils sont très-voraces.

Les plus répandus de tous les cétacés sont les dauphins : on les rencontre sur tous les points de l'océan, et ils circulent en grand nombre autour des vaisseaux pour attraper quelque nourriture. C'est ce qui a fait croire qu'il sont les amis de l'homme, et qu'ils recherchent sa société pour le plaisir de l'accompagner ou même de lui être utiles.

Il existe des cétacés herbivores, qui paissent l'herbe du fond de la mer, ou celle des côtes, sur lesquelles ils viennent ramper. Tels sont les lamantins, qu'on nomme aussi vaches marines, femmes marines ou sirènes, et qui vivent principalement à l'embouchure des fleuves : ils remontent souvent ceux-ci à de grandes distances.

Les *ruminants* sont munis de plusieurs estomacs, et ont la propriété de *ruminer*, c'est-à-dire de faire revenir les alimens à la bouche après les avoir avalés une première fois, et de les mâcher de nouveau. Leurs pieds sont fourchus, c'est-à-dire terminés par deux cornes épaisses ou deux sabots. Ce sont les seuls mammifères dont le front est surmonté de cornes. Tous cependant n'en ont pas : par exemple les chameaux. Il est presque inutile de faire ici l'éloge de cet animal : on sait assez combien il est admirable par sa sobriété, sa docilité et les services qu'il rend à l'homme en Asie et en Afrique. Il est malheureusement étrange et repoussant par sa conformation extérieure : la bosse ou les deux bosses dont son dos est surmonté offrent surtout l'aspect le plus disgracieux. Celui qui a deux bosses est le chameau ordinaire, le chameau turc ou de Bactriane ; celui qui n'en a qu'une est le dromadaire, ou le chameau d'Arabie. L'un et l'autre possèdent une poche stomacale, où s'amasse une liqueur transparente, assez analogue à l'eau, et qu'ils peuvent faire remonter dans la bouche pour se désaltérer.

Les lamas sont les chameaux du Nouveau-Monde; mais ils sont beaucoup plus petits que les véritables chameaux, et ils n'ont point de bosse sur le dos. On en distingue trois espèces qui habitent généralement les Andes : la principale est le lama proprement dit, d'un naturel doux et patient, et dont on se sert souvent comme de bête de somme; les autres sont l'alpaca et la vigogne, qui donnent une laine très-fine.

Il faut encore indiquer, parmi les ruminans sans

cornes, les chevrotains, élégans et légers petits animaux de l'Asie. Le chevrotain porte-musc, qui se plaît sur les plus hautes montagnes du montagnes du centre de l'Asie, est célèbre par une poche située sous son ventre, et qui se remplit de cette substance odorante connue sous le nom de musc.

Il y a des ruminants dont les cornes ont l'apparence de bois souvent très-ramifiés et tombent à de certains époques, puis repoussent. Ces ruminants sont les cerfs, si agiles, si élégants. Parmi les nombreuses espèces de cerfs, distinguons le cerf commun, le daim et le chevreuil, qui se voient dans presque toute l'Europe; — l'élan, qui vit par troupes dans les forêts marécageuses du nord; — le renne, particulier aussi aux régions boréales, et si utile aux Lapons, qui s'en servent pour tirer leurs traîneaux sur la glace et la neige, et qui se nourrissent de sa chair et de son lait.

La girafe se distingue, entre tous les ruminants, par ses cornes recouvertes d'une peau velue, et par la longueur démesurée de son cou, sa grande taille, et surtout par la hauteur de ses jambes de devant, beaucoup plus longues que celles de derrière. Cet immense quadrupède, qui ne se trouve que dans l'Afrique centrale et méridionale, èst d'un naturel très-doux. Il a souvent à redouter des ennemis terribles, et particulièrement le lion. Mais, comme les girafes courent avec une grande rapidité, et que d'ailleurs elles savent parfaitement se défendre en se ruant sur leurs adversaires, elles parviennent fréquemment à les éviter.

Les autres ruminants ont des cornes creuses et nues. Remarquons-y d'abord l'utile espèce du bœuf et de la vache domestiques, principal soutien de notre agriculture. Mais sous le nom générique de bœuf, on doit comprendre encore le buffle, qui vit sauvage dans les parties marécageuses des pays chauds de l'ancien continent, et qu'on a réduit à l'état domestique dans un grand nombre de contrées; — le bison, ou bœuf sauvage d'Amérique, qui a la tête couverte d'une touffe énorme de poils laineux, et qui erre, en troupeaux immenses, dans les savanes des Etats-Unis; — l'urus, ou bœuf sauvage de Pologne, d'une taille énorme, et confiné aujourd'hui dans les forêts les plus reculées des monts Carpathes; — Le zébu, ou bœuf de l'Inde, remarquable par une ou deux bosses graisseuses.

C'est encore parmi les bœufs que se trouve l'yak, ou le buffle à queue de cheval, qu'on appelle aussi vache grognante de Tartarie, et qui vit au Tibet; il est célèbre par sa queue lustrée et flottante, dont les Chinois ornent leurs bonnets, et dont les Persans et le Turcs font des marques de dignité. Vous avez entendu parler souvent des pachas à deux *queues*, à trois *queues* : eh bien! ces queues honorifiques sont celles de l'yak.

Un genre beaucoup plus nombreux encore est celui des antilopes. Ce sont des ruminants aux jambes minces et déliées, au poil ras, à la taille svelte et légère, les uns vivent dans les montagnes les plus escarpées, et courent de rochers en rochers avec une agilité extraordinaire; les autres habitent de préférence les plaines, les forêts et les marécages. C'est en Afrique et dans le sud-ouest de l'Asie que les antilopes sont le plus communes: la plus célèbre est la gazelle, qui se distingue par l'élégante légèreté de ses formes, la finesse de ses membres, la vivacité et la douceur de ses yeux noirs. — Une antilope bien différente est le gnou, qui a l'aspect farouche et la face couverte de poils abondans. — Le chamois ou isard est une antilope européenne, qui erre sur les sommets neigeux des Pyrénées et des Alpes.

Les chèvres sont, de tous les ruminants, les plus intelligens et les plus vifs. Nommons d'abord les chèvres domestiques, si utiles et si communes dans toute l'Europe et dans toutes les contrées où les Européens se sont établis. — La chèvre de Cachemire et la chèvre de Tibet sont célèbres par leur poil soyeux et fin, dont on fabrique de précieux tissus. — La chèvre d'Angora, qui habite l'Asie-Mineure, a de longs poils qui servent de matière première dans la fabrication des camelots.

On comprend dans les chèvres, le bouquetin, qui erre par petites troupes dans les grandes chaînes de montagnes, par culièrement dans les Alpes.

Les moutons, qui ont beaucoup moins d'intelligence et de vivacité, sont cependant encore plus précieux dans nos climats par leur laine abondante, qui sert à faire la plupart de nos vêtemens chauds. Un des plus beaux moutons d'Europe est le mérinos, ou mouton d'Espagne, dont la laine est longue et soyeuse.

Le mot *pachydermes*, tiré du grec, signifie *cuir épais* : on désigne ainsi des mammifères dont le cuir épais est peu garni de poil. Généralement ils ont le port lourd et massif, et ils aiment à se plonger dans l'eau ou à se vautrer dans la fange. Le plus grand des pachydermes est l'éléphant, chez qui des proportions grossières et une masse lourde et informe s'unissent à beaucoup de finesse, de douceur et de docilité ; ses narines se prolongent en une trompe charnue, mobile en tout sens, et lui servent à la fois à attaquer, à se défendre, à toucher, à prendre les objets dont il a besoin; cet organe jouit d'une force prodigieuse : l'animal l'emploie pour arracher les arbres, soulever les fardeaux qu'un homme aurait peine à remuer, ou bien pour terrasser son ennemi, qu'il écrase ensuite de la masse de son corps. La mâchoire supérieure de l'éléphant a deux dents très-longues, nommées défenses, qui sortent de la bouche en se recourbant vers le haut, et dont la substance est l'ivoire, si recherché dans les arts. La couleur des éléphans est ordinairement noire; mais elle s'altère souvent, et devient plus ou moins blanche, comme on le voit chez ceux de l'Indo-Chine, que l'on considère alors comme des animaux sacrés.

Lex yeux de l'éléphant sont très-petits proportionnellement à son volume énorme ; mais ils sont pleins de vivacité et d'expression. Les mouvemens de ce quadrupède sont peu faciles, et il a peu d'agilité ; mais, comme son pas a beaucoup d'étendue, il peut échapper, en courant, au cavalier le mieux monté.

Les éléphans vivent dans les contrées les plus chaudes de l'Afrique et de l'Asie, et ils recherchent partout les forêts épaisses et les lieux marécageux ; ils se tiennent en troupes plus ou moins nombreuses, toujours conduites par quelque vieux mâle. Leur nourriture consiste en herbes, en racines et en graines, qu'ils vont souvent chercher dans les champs cultivés, où ils occasionnent de de grands ravages. Dans plusieurs contrées, on les réduit à l'état domestique : on s'en sert comme de bêtes de somme, on les mène au combat ou à la chasse. Les plus beaux éléphans sont ceux de l'île de Ceylan ; mais ceux de la côte de Mozambique donnent l'ivoire le plus estimé.

Les cochons, qui ont tant d'importance pour la nourriture de l'homme, répugnent par leurs formes lourdes et grossières, par leurs habitudes sales et ignobles ; ils ont, comme l'éléphant, des dents recourbées en haut et qui leur servent de défense. La principale espèce est le sanglier, répandu à l'état sauvage, dans tout l'ancien monde et dans l'Océanie : on l'a réduit à l'état domestique dans une foule de pays, et c'est alors qu'on l'appelle plus spécialement cochon ou porc. Les babiroussas, qui lui ressemblent beaucoup, et qui vivent dans l'ouest de l'Océanie, ont deux sortes de défenses : celles de la mâchoire inférieure ; et celles de la mâchoire supérieure, qui, perçant la peau du museau, et se recourbant en arrière sur elles-mêmes, ressemblent à des cornes.

Un pachyderme beaucoup plus grand, mais d'un aspect non moins désagréable, est l'hippopotame, c'est-à-dire le *cheval des fleuves* Son corps est très-massif, et supporté par des jambes très-courtes. Son museau est renflé à l'extremité. Il ne se nourrit que de végétaux aquatiques, et vit au bord des grands fleuves de l'Afrique. Au moindre bruit qui l'épouvante, il se précipite sous l'eau, et pendant assez long-temps il peut se dispenser de venir respirer à la surface. C'est l'un des animaux les plus sauvages, et la chasse qu'on lui fait est fort dangereuse : souvent il renverse les barques, et se livre, lorsqu'il a été blessé, à d'effroyables accès de rage. Son cuir est tellement dur, que les balles de plomb qui le frappent s'y aplatissent. Sa chair est fort bonne, et l'ivoire de ses dents est plus beau que celui de l'éléphant : on l'emploie particulièrement à la fabrication des dents artificielles.

A côté de ce grossier quadrupède, vient se placer naturellement le féroce et stupide rhinocéros, qui porte sur le nez une ou deux grosses cornes, et qui habite les lieux marécageux et chauds de l'Asie et de l'Afrique.

Le tapir, dans l'Amérique méridionale, a le port du cochon; mais il en diffère beaucoup par son groin, qui se prolonge en une petite trompe charnue.

Les chevaux sont des pachydermes très-différens des précédens par leurs proportions plus nobles et plus élégantes; sous ce nom, on ne désigne pas seulement le cheval ordinaire, au caractère si souple, au maintien si superbe : on y distingue encore beaucoup d'autres animaux; par exemple, le zèbre, qui a la peau agréablement et symétriquement rayée partout de bandes brunes disposées sur un fond blanc : cette espèce habite par troupes nombreuses dans le milieu et le midi de l'Afrique; elle a le caractère défiant et farouche, et ne peut s'apprivoiser. Le couagga et l'onagga sont d'autres jolies espèces de chevaux, qu'on trouve dans le sud de l'Afrique. L'âne lui-même, si méprisé, et cependant si utile, si intelligent, appartient aussi à la race du cheval.

Les mammifères qu'on nomme *édentés* ont été appelés ainsi parce qu'ils n'ont que des dents incisives; quelques-uns sont, en outre, dépourvus de dents canines; plusieurs sont même entièrement privés de dents. La difficulté de marcher est un des caractères généraux de ces animaux. La plupart se creusent des terriers, où ils restent pendant le jour.

Les édentés les plus célèbres par la lenteur avec laquelle ils marchent sont les bradypes ou paresseux, dans l'Amerique méridionale; ils grimpent cependant avec assez d'agilité. Ces animaux, couverts d'un poil grossier et cassant, vivent sur les arbres, qu'ils dépouillent de leurs feuilles; ils passent d'une branche à une autre avec facilité, et c'est à tort qu'on a fait de leur existence le tableau le plus triste. On en distingue deux espèces : l'unau et l'aï.

Les tatous, qui habitent à peu près les mêmes contrées, ont le corps couvert d'écussons durs et cornés, qui, se réunissant, forment des espèces de boucliers sur le front, les épaules et la croupe de l'animal. On les voit souvent se rouler en boule, et présenter ainsi une résistance puissante à leurs ennemis. — Les fourmilliers, propres aussi à l'Amérique méridionale, sont entièrement privés de dents, et se nourrissent de fourmis, qui se collent sur leur langue gluante, lorsqu'ils l'allongent, comme un cordon, dans une fourmilière.

On trouve dans la Nouvelle-Hollande des édentés singuliers, qui paraissent tenir un peu de la conformation des oiseaux. Tel est l'ornithorhyque, qui a les pieds palmés et garnis d'ergots vénéneux, le museau aplati et semblable au bec des canards : il habite les rivières et les marais. — On remarque aussi l'échidné, qui a la tête mince, allongée, et terminée par une très-petite bouche; son corps est ramassé, et couvert de piquans : c'est un animal apathique, stupide, et qui recherche l'obscurité.

Les *rongeurs* ont reçu ce nom de ce qu'ils ne peuvent que limer ou ronger les substances dont ils se nourrissent, et qui consistent en matières végétales, souvent très-dures : ils ont, en effet, à chaque mâchoire, deux longues dents incisives fortement tranchantes; ils sont privés de dents canines. La plupart se creusent des terriers ou se bâtissent des buttes ; et quelques-uns passent l'hiver dans ces demeures, plongés dans un engourdissement complet.

Le plus intéressant de tous les rongeurs est certainement le castor, qui habite dans le nord de l'Europe et de l'Amérique. Ce sont les mammifères qui mettent le plus d'industrie à construire leur demeure; mais tous ne sont pas doués d'une égale habileté, et ce sont surtout certaines espèces de l'Amérique septentrionale qui déploient un art extraordinaire. Ces espèces vivent en société. C'est en été qu'elles commencent leurs habitations ; elles font choix d'une rivière ou d'un lac, et creusent d'abord sous l'eau, à côté de la rive, un trou qu'elles poussent un peu en pente jusqu'à la surface du sol. De la terre qui sort de ce trou, les castors forment une petite butte, dans laquelle ils mêlent une quantité de morceaux de bois et de pierres; ils lui donnent la forme d'un dôme, dont la hauteur est quelquefois de deux cents vingt mètres environ au-dessus de l'eau. A mesure qu'ils élèvent leur butte, ils en creusent l'intérieur pour former le logement qui doit les recevoir avec leur famille. Ils pratiquent en avant de ce logement une descente en pente douce, qui aboutit à l'eau : c'est une sorte de vestibule, par où l'animal entre dans sa demeure et en sort. La cabane n'a pas d'issue du côté de la terre, pour que les ennemis puissent moins facilement s'y introduire. A côté du vestibule se trouve le magasin pour les provisions : c'est là que le castor entasse les racines, les branchages et les écorces qui doivent le nourrir pendant la mauvaise saison. Lorque les castors ont besoin de quelques charpente, ils vont chercher des arbres ; à défaut d'arbrisseaux, ils abattent même d'assez gros troncs : si le végétal qu'il s'agit d'emporter est petit, ils le coupent d'un seul coup de dents, et aussi net qu'avec une serpette : mais lorsque l'arbre est fort, ils le rongent tout à l'entour, et finissent par le faire tomber ; puis ils en détachent toutes les branches, qu'ils coupent en morceaux susceptibles d'être chargés sur les épaules, ou traînés avec les dents, et poussent ensuite le tronc vers la rivière : là ils le conduisent à flot jusqu'à sa destination.

Les castors ne bâtissent pas seulement des huttes, ils font encore des digues pour garantir leurs habitations contre la force des eaux ; ils élèvent des espèces de ponts, etc.

La queue du castor est aplatie horizontalement et couverte d'écailles ; elle ne leur sert pas, comme on l'a dit, de truelle pour disposer les matériaux de leur travail ; mais quand ils nagent, elle accélère beaucoup leur vitesse. Ils se servent de leurs pattes de devant pour porter leur nourriture à la bouche.

Les castors ont une peau superbe, très-recherchée dans le commerce, soit pour les fourrures, soit pour la fabrication des chapeaux : aussi fait-on une chasse active de ces intéressans animaux.

Parmi les autres rongeurs se présentent le rat, le loir, qui sont, dans nos maisons ou dans nos vergers des hôtes importuns et nuisibles. — Le campagnol, qui fait un tort incalculable aux champs, offre une espèce fort curieuse, connue sous le nom de campagnol économe : on l'a nommé ainsi, parce qu'il a soin de ramasser pendant l'été de nombreuses provisions qu'il dépose dans son trou pendant la mauvaise saison. Ce campagnol habite la Sibérie. Son domicile est une chambre de trois ou quatre pouces de hauteur, d'un pied de large, et garnie d'un lit de mousse : de cette chambre partent plusieurs chemins en forme de boyaux, qui conduisent souvent à d'autres chambres plus vastes, sortes de magasins où l'animal apporte, pendant toute la belle saison, des graines et de petits morceaux de racines. Les magasins renferment beaucoup de choses : on en a vu qui contenaient plus de trente livres de provisions. Ces campagnols émigrent quelquefois : lorsqu'une excursion de ce genre est résolue, ils se rassemblent de toutes parts en grandes troupes, et bientôt ils se mettent en route. Il y en a des colonnes si nombreuses qu'il leur faut au moins deux heures pour défiler.

Le hamster est un autre rongeur, fort nuisible par la quantité de blé qu'il enfouit dans ses profonds souterrains.—Le lemming, ou rat de Norwège, est peut-être plus destructif encore : comme le campagnol, il voyage par troupes nombreuses et avec un certain ordre : dans leurs excursions aventureuses, les lemmings marchent toujours en ligne droite ; aucun obstacle ne les arrête ; ils traversent même les rivières à la nage.

Les chinchillas, dans l'Amérique méridionale, sont intéressans par les fourrures qu'ils fournissent. — En Afrique et dans quelques parties de l'Asie, on trouve la gerboise, remarquable par sa queue longue et touffue, et par l'étendue démesurée de ses pieds de derrière.

La marmotte est un rongeur répandu dans les hautes montagnes et principalement dans les Alpes. Pendant l'hiver elle tombe en léthargie, mais elle a eu soin de se creuser d'avance de spacieuses et profondes retraites, et, lorsque les froids arrivent, elle va s'y renfermer; elle demeure ainsi plusieurs mois sans mouvement et sans nourriture. On remarque que les marmottes sont très-grasses lorsqu'elles s'endorment dans leur demeure d'hiver, et qu'elles sont excessivement maigres à leur réveil. Sous une apparence assez stupide, ces animaux cachent beaucoup de sagacité : pris jeunes, ils s'apprivoisent facilement ; ils apprennent aisément à saisir un bâton, à gesticuler, à danser : aussi les pauvres petits Savoyards qui en trouvent beaucoup dans leurs montagnes, viennent-ils les offrir souvent à la curiosité des habitans de nos villes.

Le plus agile, le plus gai, le plus joli des rongeurs est l'écureuil : c'est aussi l'un des plus intelligens, il vit généralement sur les arbres, où on le voit passer de branche en branche et grimper le long des troncs avec une grâce et une promptitude charmantes. Un des écureuils les plus célèbres par la beauté de leur peau est le petit-gris, qui appartient aux pays du nord. — Le polatouche, qu'on appelle aussi écureuil volant, a une conformation singulière : la peau de ses flancs, élargie en membrane, et étendue entre les pattes de devant et celles de derrière, lui donne la faculté de voltiger d'un arbre à l'autre.

Nommons encore, parmi les rongeurs, le porc-épic, commun dans le midi de l'Europe, et remarquable par les longs piquans dont son corps est couvert; — le lièvre, qui comprend deux espèces, le lièvre commun et le lapin ; — la cobaye, qui est originaire de l'Amérique méridionale, et dont le cochon d'Inde est une espèce.

Occupons-nous maintenant des singuliers animaux qu'on nomme *didelphes*. Chez ces quadrupèdes, les petits naissent encore informes et sans qu'on puisse distinguer leurs membres : ils s'attachent aux mamelles de la mère, et y restent fixés jusqu'à ce qu'ils aient pris un accroissement analogue à celui qu'ont les autres mammifères en venant au jour. Les mamelles sont ordinairement placées dans une poche ou bourse que forme sous le ventre un repli de la peau : lorsque les petits s'en détachent pour commencer à marcher, on les voit encore, pendant quelque temps, s'y réfugier à la moindre apparence de danger. Chez les didelphes où la poche est peu développée, ou qui en sont tout a fait dépourvus, les petits, après s'être détachés de la mamelle, montent sur le dos de leur mère, et s'y cramponnent pendant qu'elle court, roulant leur queue autour de la sienne. Ces animaux ne se trouvent que dans l'Amérique et l'Océanie. Ce sont presque les seuls mammifères de la Nouvelle-Hollande.

Parmi les principaux didelphes on distingue les sarigues, en Amérique ; les phalangers, qui habitent la Nouvelle-Hollande, et dont un des plus remarquables est le phalanger volant, que la peau de ses flancs, étendue comme celle du polatouche, soutient en l'air quelques instans. Les plus grands de tous les didelphes sont les kangarous ou kangurous, également propres à la Nouvelle-Hollande : ils ont les membres postérieurs beaucoup plus larges et plus longs que les antérieurs, et se tiennent presque toujours sur les pieds de derrière, en s'appuyant sur leur queue comme sur un troisième pied. Ils marchent par bonds, et franchissent en un saut de très-grands espaces.

Le nom de *carnassiers*, qu'on donne à l'une des grandes divisions des mammifères, ne doit pas faire croire que tous les animaux qu'elle renferme ont un instinct cruel et féroce. Il signifie seulement que tous se nourrissent de matières animales.

Les phoques, par exemple, sont des êtres fort doux et qui s'attachent facilement à l'homme : plutôt aquatiques que terrestres, et d'une apparence assez semblable à celle des poissons, ils passent la plus grande partie de leur vie dans la mer, et viennent de temps en temps ramper sur le rivage, où ils allaitent leurs petits ; ils se trouvent surtout dans les mers du nord. On les a souvent nommés veaux marins, lions marins et éléphans marins.

Les martes sont de petits carnassiers extrêmement avides de chair, et qui s'insinuent, pour saisir leur proie, dans de très-étroites ouvertures, où d'abord il semblerait impossible qu'elles pussent passer. On y distingue la marte ordinaire, l'hermine, la zibeline, qui donnent de riches fourrures, et qui toutes habitent les régions du nord. La belette, la fouine, le furet, sont des espèces de martes communes dans nos climats.

Les moufettes, assez semblables aux martes, ne se trouvent qu'en Amérique : elles sont fameuses par l'odeur épouvantable qu'elles répandent : ce qui les a fait appeler *bêtes puantes* par les Américains.

La loutre est un carnassier à la tête plate et aux pieds palmés, qui se tient toujours près des eaux, où il nage et plonge avec la plus grande facilité pour saisir le poisson.

Le chien est un des genres les plus importans des carnassiers. Outre le chien domestique, si précieux pour l'homme par son dévouement, sa fidélité et mille autres qualités remarquables, il comprend encore le loup, le renard, dont il est inutile de faire ici la description connue ; le chacal, qui vit en Afrique et dans l'ouest de l'Asie, et qui se creuse des terriers où il passe une grande partie du jour, pour n'en sortir que la nuit.

La civette, à la tête allongée et au museau pointu, habite l'Afrique et le sud de l'Asie ; elle est célèbre par la matière odorante qu'elle contient dans une poche située près de l'anus : cette matière, connue aussi sous le nom de civette, a été souvent usitée en médecine.

L'ikhneumon (1) ou rat de Pharaon est un animal assez semblable aux martes et aux civettes, et qui habite l'Afrique et l'Asie. Il était, chez les Egyptiens, l'objet d'un culte religieux, sans doute parce qu'il leur rendait de grands services en détruisant les rats, les serpens et d'autres animaux nuisibles. Il s'apprivoise facilement, et suit son maître aussi fidèlement qu'un chien ; il est doux et caressant.

(1) On écrit ordinairement *ichneumon*.

En Afrique et dans l'occident de l'Asie, vit un carnassier fort et cruel, nommé hyène ; le poil de son dos est relevé en crinière ; ses jambes antérieures sont plus élevées que les postérieures ; son aspect est farouche. C'est pendant la nuit que les hyènes vont chercher leur proie : elles se nourrissent de chairs putréfiées : souvent elles s'introduisent dans les cimetières et déterrent les cadavres pour en faire leur nourriture. En Orient, elles entrent dans les villes pour dévorer les viandes qu'on jette aux portes.

Les zoologistes désignent, sous le nom de chat, non-seulement l'animal domestique que nous élevons dans nos habitations pour les purger des rats et des souris, mais un grand nombre d'autres carnassiers, la plupart bien plus grand que celui-là. Ce sont, de tous les mammifères, ceux qui ont le plus d'appétit pour la chair, et ils aiment à se repaître de proies vivantes et palpitantes. Ils sont prudens et rusés, et ils surprennent leur ennemi plutôt qu'ils ne l'attaquent. Le plus grand et le plus belliqueux de tous les carnassiers, le lion, appartient à ce genre. Il se trouve dans toute l'Afrique et dans le sud de l'Asie. — Vient ensuite le tigre, plus féroce que le lion, et plus ardent encore pour le carnage : il habite dans le midi et le centre de l'Asie : on en trouve surtout d'énormes dans le delta marécageux du Gange.

On confond quelquefois avec le tigre la panthère et le léopard, qui vivent particulièrement en Afrique, et qui ont aussi entre eux beaucoup de ressemblance : tous deux ont une peau mouchetée ; mais les taches sont en forme d'yeux ou d'anneaux dans la première, et en forme de roses chez le second.

Le lynx ou loup-cervier se rencontre en Europe dans plusieurs pays montagneux et couverts de forêts ; il est remarquable par sa vue perçante. Le lynx de Moscovie, qui se trouve en Sibérie, fournit une des fourrures les plus estimées.

Les plus grandes espèces de chat que possède l'Amérique sont le jaguar ou once, le couguar, ou tigre rouge, et le chat-bai ou chat-cervier ; mais ils sont loin d'égaler les tigres ou les lions de l'ancien monde.

Plusieurs forêts de l'Europe nourrissent un chat sauvage qui est un peu plus gros que notre chat domestique ordinaire, mais qui lui ressemble d'ailleurs parfaitement, et sans doute celui-ci n'est que le même animal qu'on a réduit en domesticité. — Le chat d'Angora est un autre chat domestique, remarquable par son long poil soyeux, et originaire de l'Asie.

Il y a plusieurs carnassiers qui passent l'hiver sans prendre de nourriture et dans un état d'engourdissement : tel est l'ours, qui se plaît dans les hautes montagnes ; il est généralement noir ou brun ; cependant on rencontre dans les régions polaires l'ours blanc, qui est grand et très-féroce, et qu'on voit s'aventurer quelquefois sur les glaçons flottans pour se transporter d'un pays à un autre. — Tel est encore le blaireau, qui a la grosseur d'un renard, et qui se creuse des terriers tortueux dans les forêts retirées, c'est la nuit qu'il va chercher sa proie ; son poil long et bien fourni est employé à divers usages.

Le hérisson est un petit carnassier qui se creuse des terriers profonds et mène presque toujours une existence souterraine ; il a le corps couvert de piquans, et se resserre en boule quand il est attaqué.

Nommons, en passant, le plus petit mammifère connu, la musaraigne ou musette, qui se tient dans les sables, dans les terres faciles à remuer, sous les herbes et sous la mousse; — et la taupe, au museau allongé, aux yeux extrêmement petits, à l'ouïe très-fine, et aux pattes de devant élargies en forme de pelle pour fouir le sol, où elle fait en un instant de longs chemins souterrains.

Il est des carnassiers qui ont la propriété de voler; en effet, un repli de leur peau s'étend entre les membres, et souvent aussi entre les doigts, de manière qu'il peut frapper l'air comme des ailes, et donner à l'animal l'apparence d'un oiseau : telles sont les chauves-souris, qu'on a long-temps placées parmi les oiseaux ; généralement nocturnes, elles restent, durant tout le jour, cachées dans quelque caverne, dans quelque trou de muraille, où elles se tiennent accrochées par leurs pieds de derrière en s'enveloppant de leurs espèces d'ailes comme d'un manteau.

Le soir, au crépuscule, elles se montrent, et vont alors à la recherche de leur nourriture, qui se compose d'insectes et quelquefois de fruits. Ces animaux ont les sens de l'ouïe et du toucher très-développés; on rapporte que des chauves-souris privées d'yeux savaient parfaitement se conduire, et même éviter un fil placé sur leur route. Elles sont atteintes, pendant l'hiver, d'une sorte d'engourdissement, pendant lequel elles demeurent accrochées à la voûte des cavernes, ou blotties dans quelque trou. Lorsqu'on les trouve dans cet état, on peut les remuer, les jeter même en l'air, sans qu'elles donnent le moindre signe de vie.

La répugnance et la crainte qu'inspirent généralement les chauves-souris sont sans fondement : celles de nos climats ne sont point nuisibles. Les seules espèces qu'on puisse redouter sont, dans l'Amérique méridionale, les vampires et les phyllostomes, qui viennent sucer le sang des animaux, et de l'homme, même lorsqu'ils les trouvent endormis.

On trouve dans l'occident de l'Océanie des animaux qui ont beaucoup de rapport avec les chauves-souris : ce sont les galéopithèques, c'est-à-dire les belettes-singes : on les appelle aussi chats volants, civettes volantes et singes volants. La membrane qui sert d'aile est couverte de poil, et ne suffit pas pour faire voler long-temps l'animal; elle ne peut que le soutenir un instant en l'air et le faire voltiger de branche en branche.

Au-dessus des carnassiers, s'offrent les *quadrumanes*, c'est-à-dire les animaux à quatre mains; ce sont les mammifères qui se rapprochent le plus de l'homme, dont ils imitent facilement les gestes et l'adresse. Ils vivent dans les forêts des contrées chaudes, et la plupart séjournent habituellement sur les arbres. Les uns n'ont point de queue, d'autres en ont une qui est souvent susceptible d'entourer les corps pour les saisir comme une main.

La famille principale de ces animaux comprend les singes. On en trouve dans toutes les parties équinoxiales du globe. Ceux de l'Amérique s'éloignent plus de l'homme que les autres, et ils sont tous pourvus de queue : leurs espèces les plus remarquables sont les sapajous, les sagouins, les alouates ou singes hurleurs, qui sont de fort petite taille, et dont le cri cependant est plus fort que celui d'aucun animal connu.

Les singes de l'ancien monde sont extrêmement variés : les uns ont une queue; par exemple les guenons, les macaques, auxquels appartient l'espèce nommée magot, et les cynocéphales, dont le museau allongé ressemble à celui d'un chien. On trouve parmi ces derniers des singes très-grands et remarquables par leur caractère féroce, brutal et indomptable : tels sont le babouin, le papion, le mandrill, et le tartarin, le plus méchant et le plus fort de tous.

Quant aux singes sans queue, plusieurs sont tellement rapprochés de l'organisation humaine, qu'ils ont reçu le nom d'*hommes des bois* : trois surtout sont célèbres : le gibbon, remarquable par la longueur de ses bras; — l'orang-outang, qui atteint souvent une taille très-élevée, — et le chimpanzé ou jocko, qui ne se trouve que dans l'Afrique : il est facile à ce dernier de se tenir sur les membres inférieurs, et lorsqu'il s'appuie sur un bâton, il peut marcher debout pendant un temps assez long. Lorsqu'on prend les chimpanzés jeunes encore, ils sont susceptibles d'une éducation très-variée. Ils apprennent à se tenir convenablement à table; ils mangent de tout, mais aiment principalement les sucreries : ils se servent du couteau, de la fourchette et de la cuiller, pour couper et prendre leurs mets. Ils reçoivent avec politesse les personnes qui viennent les visiter, et les reconduisent ensuite.

Enfin, au-dessus des quadrumanes vient l'ordre des *bimanes*[1], c'est-à-dire des êtres à *deux mains*. Cet ordre comprend l'homme, le seul, parmi les mammifères, qui marche debout et se soutienne droit et élevé. Tout marque dans son aspect sa supériorité sur tous les êtres vivans : « son attitude, dit Buffon, est celle du commandement; sa tête regarde le ciel, et présente une face auguste, sur laquelle est imprimé le caractère de sa dignité; l'excellence de sa nature perce à travers tous les organes matériels, et anime d'un feu divin tous les traits de son visage; son port majestueux, sa démarche ferme, hardie, annoncent sa noblesse et son rang. »

Son histoire est assurément la plus attrayante et la plus instructive, l'étude de ses diverses races, de leur distribution sur la terre et de leurs mœurs offre un grand charme et un grand intérêt : mais, précisément à cause de son importance, elle ne peut trouver place dans le petit livre que je publie aujourd'hui : elle est l'objet d'autres ouvrages tout spéciaux qui sont compris aussi dans notre *Bibliothèque d'éducation*, et auxquels je renvoie mes lecteurs.

Je m'arrête donc ici. Peut-être cette esquisse rapide que je viens de terminer suffira-t-elle pour inspirer à mes jeunes lecteurs le désir de pénétrer plus avant dans la science que je n'ai qu'effleurée. Puisse-je les avoir assez intéressés pour leur faire aimer l'histoire de la nature, et pour laisser dans leur âme une idée profonde et durable des merveilles de la création et de la sagesse infinie du Créateur !

FIN.

TABLE

DES MATIÈRES.

LIMOGES et ISLE,
IMP. MARTIAL ARDANT FRÈRES.

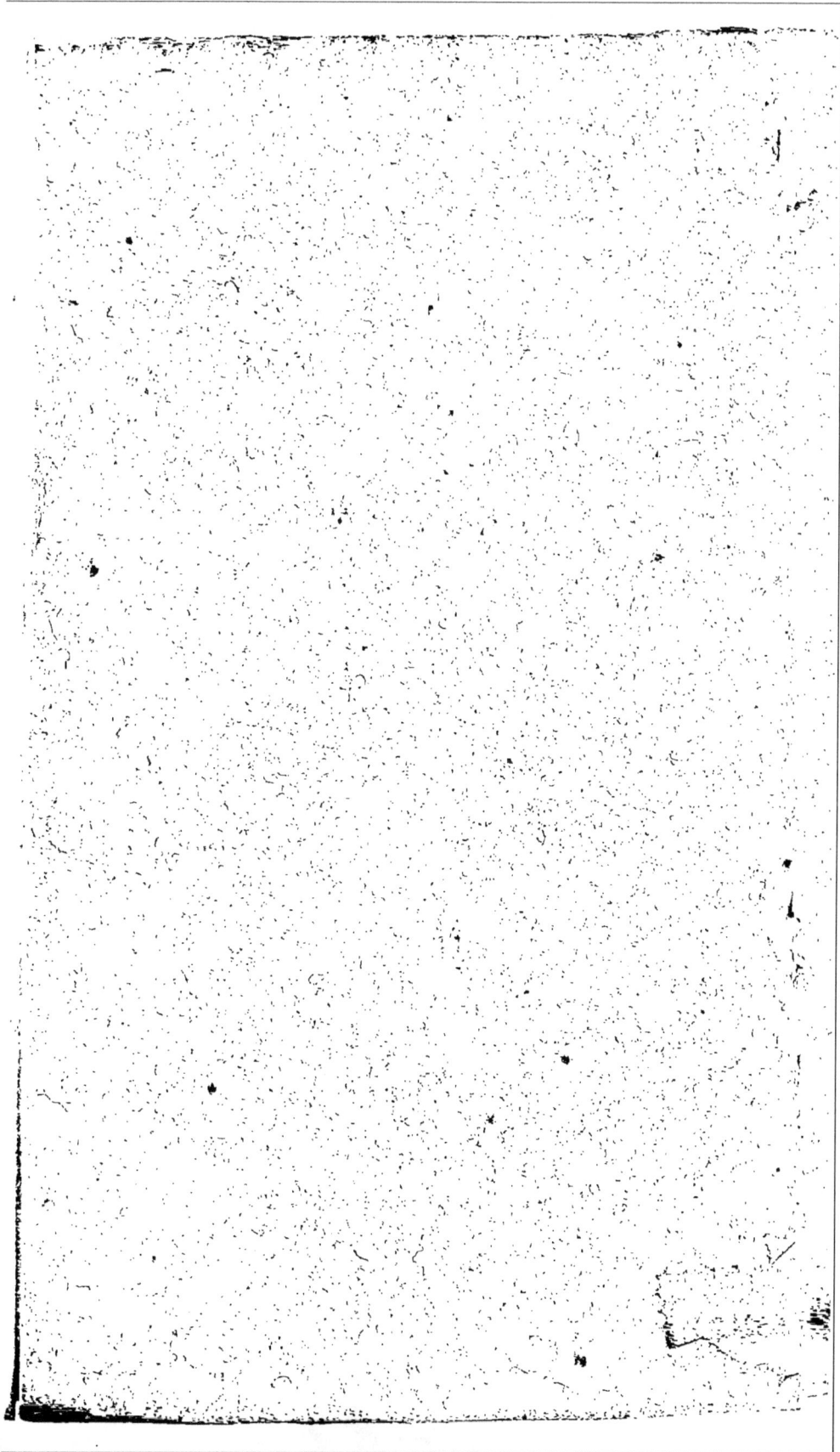

www.ingramcontent.com/pod-product-compliance
Lightning Source LLC
Chambersburg PA
CBHW070502200326
41519CB00013B/2689
9782013704847